特高压工程
环境保护和水土保持
技术及应用

国家电网有限公司特高压建设分公司　编著

中国电力出版社
CHINA ELECTRIC POWER PRESS

内 容 提 要

本书全面梳理了特高压工程建设过程中采取的行之有效的环境保护和水土保持技术措施，重点针对水环境、声环境、固体废物、生态环境等环境要素介绍了 7 项环境保护技术措施，针对表土保护、拦渣、临时防护、边坡防护、截排水、土地整治等水土保持工程介绍了 7 项水土保持技术措施，并以 3 项典型工程为例介绍了特高压工程环境保护和水土保持工作的典型做法。

本书可供从事特高压工程建设环境保护和水土保持工作的技术和管理人员使用，并为其他等级工程建设环境保护和水土保持工作提供经验借鉴。

图书在版编目（CIP）数据

特高压工程环境保护和水土保持技术及应用 / 国家电网有限公司特高压建设分公司编著.
—北京：中国电力出版社，2022.12
ISBN 978-7-5198-7516-9

Ⅰ．①特… Ⅱ．①国… Ⅲ．①特高压电网–电力工程–环境保护②特高压电网–电力工程–水土保持 Ⅳ．①TM727

中国版本图书馆 CIP 数据核字（2022）第 256978 号

出版发行：中国电力出版社
地　　址：北京市东城区北京站西街 19 号（邮政编码 100005）
网　　址：http://www.cepp.sgcc.com.cn
责任编辑：苗唯时　闫姣姣　马雪倩
责任校对：黄　蓓　王海南
装帧设计：郝晓燕
责任印制：石　雷

印　　刷：北京九天鸿程印刷有限责任公司
版　　次：2022 年 12 月第一版
印　　次：2022 年 12 月北京第一次印刷
开　　本：710 毫米×1000 毫米　16 开本
印　　张：13.5　插页　2
字　　数：193 千字
印　　数：0001—1000 册
定　　价：85.00 元

《特高压工程环境保护和水土保持技术及应用》

编审委员会

编著工作组

主　　编　张亚鹏

副 主 编　张　智

成　　员　杨怀伟　罗兆楠　王关翼　刘建楠　张东旭

　　　　　周振洲　潘宏承　周万骏　王健羽　高利琼

　　　　　贾　凡　吴　健　孙　义　张延辉　石元平

　　　　　贺　强　张　慧　吴　凯　郑树海　宋　涛

　　　　　梁　杰　李　丹　贺　然　于占辉　周之皓

　　　　　王晓楠　张崇涛　田　洁　王志强　范继中

前　言

　　我国能源资源总体分布规律是西多东少、北多南少，用能中心则分布于中东部地区，能源资源与生产力呈逆向分布。而大型能源基地与中东部经济发达地区之间的距离达到1000～4000km，能源基地电源需要通过电网大规模、远距离地输送和消纳，在全国范围内实行优化配置。特高压输电技术具有输送距离远、容量大、损耗低、效率高的特点，是实现能源大规模开发、大容量输送、大范围配置的关键和基础。

　　电网建设在保障电力安全、助推经济发展的同时，坚持生态环境友好、实施绿色发展成为必然要求。近年来，国家和地方相关法律法规政策体系持续健全，简审批、强监管、严追责的监管模式全面形成，生产建设单位的生态环境保护主体责任不断强化，对电网工程建设项目提出了更高的要求。特高压工程点多面广、线路路径长、沿线区域自然环境复杂、参建单位众多，其建设过程中的环境扰动和水土流失更加受到高度关注。因此，亟须提出既符合特高压工程实际、满足电网高质量发展需求，又经济合理、环境友好的环境保护和水土保持技术措施，助推特高压工程高质量建设、实现电网绿色发展。

　　为深入贯彻习近平生态文明思想，践行"绿水青山就是金山银山"理念，推进特高压工程"绿色化"建设，编写组梳理总结了特高压工程环境保护和水土保持实践经验，编写形成特高压工程环境保护和水土保持技术及应用。希望通过本书，广大读者可以全面了解特高压工程环境保护和水土保持的典型做法，相关经验在后续工程中推广应用，进一步推动特高压工程优质、高效建设。

由于编者水平有限，书中难免存在不妥之处，敬请广大读者批评指正。

编者

2022 年 10 月

目 录

第 1 章
概　述

　　我国能源资源与用能中心呈逆向分布，能源资源总体分布规律是西多东少、北多南少。煤炭资源 90% 的储量分布在秦岭—淮河以北地区；石油、天然气资源集中在东北、华北和西北地区，共占全国探明储量的 86%；水力资源主要分布在西南地区，其中四川及云南两省可开发量占全国总量的 41%。用能中心位于中东部地区，"三华"（华北、华东、华中）地区全社会用电量占全国的 61%。而大型能源基地与中东部经济发达地区之间的距离达到 1000～4000km，需要用特高压输电技术满足大容量、远距离的跨区输电要求，实现能源大范围、大规模优化配置。以特高压工程为骨干网架的新型电力系统构建，更能保障国家能源安全和电力可靠供应。

　　发展特高压电网，有利于促进水电、风电等清洁能源跨区外送，可以推动清洁能源的高效利用及国家清洁能源开发目标实现。特高压输电有利于破解我国能源电力发展的深层次矛盾，尤其是在"碳达峰、碳中和"的大背景下，特高压工程已成为中国"西电东送、北电南供、水火互济、风光互补"的能源运输"主动脉"，实现了能源从就地平衡到大范围配置的根本性转变，有力推动了清洁低碳转型，促进了环境质量提升。

1.1 特高压工程的主要环境影响

特高压工程具有建设规模大、输电距离长等特点，其中输电线路会经过河网、山地、丘陵等复杂地质条件区域和生态环境敏感地区，变电站（换流站）工程土方开挖量较大，主设备、铁塔体积和重量较大，运输情况复杂，工程建设临时占地较多，建设过程会造成对环境的影响、地表的扰动、植被的破坏、产生水土流失等问题，而其运行过程中亦会产生不同程度的噪声及电磁环境影响。

特高压工程在输电线路和变电站（换流站）的建设过程中永久占地和临时占地会对占地范围内的地表造成不同程度的扰动、对植被产生不同程度的损毁、对生态脆弱区域产生较大的损害，造成一定程度的生态影响和水土流失。输电线路和变电站（换流站）在施工过程中会产生扬尘、施工废水和生活污水、生活垃圾和建筑垃圾等，均可能对环境产生一定的影响。

特高压工程运行期在传输电能的同时，对其周围局部空间会产生电场和磁场，造成一定的电磁环境影响；变电站（换流站）在运行过程中其变压器（换流变压器）、电抗器等电气设备运行会产生噪声，变电站（换流站）运行人员会产生生活污水和生活垃圾；事故状态下变电站（换流站）变压器（换流变压器）、电抗器等含油设备可能产生含油污水；输电线路导线、金具等带电设备因电晕放电会产生噪声。

1.2 特高压工程环保水保典型技术简介

为确保特高压工程建设和运行满足相关环境保护和水土保持（以下简称"环

保水保")标准要求,特高压建设者们采取了诸多行之有效的环保水保技术措施,本书选取了其中具有代表性的多项措施予以介绍。

首先,本书重点针对水环境、声环境、固体废物、生态环境等环境要素介绍了变电(换流)站污水处理设计技术、变电(换流)站噪声防控设计技术、线路工程水下承台基础拉森钢板桩围堰施工技术、线路工程重型货运索道环保运输技术、固体废物分类及处置技术、植生袋快速固土植被恢复技术、干旱区塔基小型边坡植被快速修复技术等环保技术措施。其次,重点针对表土保护、拦渣、临时防护、边坡防护、截排水、土地整治等水土保持工程介绍了变电(换流)站大型土方施工自平衡技术、变电(换流)站不均匀沉降控制技术、变电(换流)站边坡防护技术、线路工程水土保持单基策划设计、线路工程机械化施工道路修建及恢复治理技术、天地一体化巡查技术、水土保持在线监测技术等水保技术措施。最后,本书以张北—雄安国家水土保持示范工程、螺山大跨越线路环保水保示范工程和白鹤滩二期换流站环保水保数字化管控示范工程为例介绍了特高压工程环保水保工作的典型做法。

第❷章
环境保护典型技术及应用

2.1 变电站（换流站）污水处理设计技术及应用

2.1.1 技术实施背景

《中华人民共和国国民经济和社会发展第十四个五年规划和 2035 年远景目标纲要》明确提出推进能源革命，建设清洁低碳、安全高效的能源体系，提高能源供给保障能力的目标。特高压工程是实现落实我国能源战略目标的主要方案，借助特高压输电线路可实现特高压远距离、大容量电力输送，也为"以电代油，以电代煤"的能源消费模式创造了条件，对治理大气污染，降低煤炭消费总量，优化能源结构起到"标本兼治"的效果。

特高压工程在施工、运行过程中不可避免会产生环境影响。其中污水排放是环境影响的因素之一。特高压工程污水主要分为施工期、运行期产生的污水，其中施工过程中产生的生活污水以及施工废水，施工期产生的污水若不经处理，随意排放，会对输变电工程沿线地表水环境以及周围其他环境要素产生不良影响；运行期产生的污水主要为变电站（换流站）工作人员产生的生活污水、环境风险情况下产生的事故油污水、阀厅工业循环冷却水，如不经处理或处理效果不达标后排放，同样对站周围水环境产生污染。

通过实地调研特高压工程污水来源、污水水质分析、污水流量，参考目前国内成熟工艺先进、成熟的污水处理技术，根据对特高压工程行业特点分析，输变电工程污水排放具有排放分散化、排放量小、污水物化性质单一等特点。针对特高压工程不同阶段产生污水特点，对特高压工程污水进行全阶段、全流程的治理，将污水中所含的污染物分离或将其转化为无害物，从而使污水得到净化、回用、达标排放。以实例展示特高压工程污水处理技术，达到特高压工程行业污水处理技术标准化、规范化的应用的目的。

2.1.2 技术实施特点

从特高压工程施工期、运行期污水排放特点及治理方案进行分析。

2.1.2.1 施工期污水来源及治理

1. 施工期污水来源

特高压工程变电站（换流站）工程在施工期主要产生施工废水及施工人员生活污水。

在施工期，施工机械清洗、场地冲洗、车辆冲洗、建材清洗、混凝土搅拌、混凝土养护等皆会产生一定的施工废水。该废水主要污染物为悬浮物（SS）和石油类。施工生产废水经过沉淀池沉淀处理后回收利用。

变电站（换流站）施工点相对集中，产生一定量集中生活污水。生活污水水质较简单，主要为有机污染物，主要污染物为化学需氧量（COD）和 SS。

2. 施工期污水治理处理技术

施工机械冲洗水含有少部分有机油类，在冲洗场地内设置集水沟和简易有效的除油池，将含油废水进行收集、采用除油沉淀处理达标后回用作机械清洗或道路洒水。建材清洗、混凝土搅拌、混凝土养护废水采用在施工场地修筑废水沉淀池、泥浆沉淀池，施工废水经过沉淀池沉淀处理后，可以回用施工用水或喷洒道路，沉淀物可直接做建材使用。

施工生活污水主要采用临时水冲厕所、简易旱厕、临时化粪池、移动式生活污水处理装置进行处理，处理后污水定期清淘。

2.1.2.2　运行期污水排放及污水治理处理技术

1. 运行期污水来源

特高压变电站（换流站）污水来源为生活污水和事故油池分离的废水。变电站污水产生量有限，污水来源主要为站内工作人员洗涤、冲厕、淋浴等生活污水，主要污染因子为 COD、氨氮、生化需氧量（BOD），污水中基本无生产设施经常性排水（如事故含油废水、设备冲洗废水），污水产生量与工作人员数量及变电站规模成正相关。

生活污水根据《城市居民生活用水量标准》（GB/T 50331—2002）人均日生活用水定额为 120～180L，按 150L 考虑，污水折减系数 0.9，计算得人均最高日污水量 0.135m³/d。

特高压变电站（换流站）正常运行时电气设备不会产生工业污水。但当主变压器事故排油时，变压器内的绝缘油经主变压器油坑排入事故油池；事故油池的油水分离处理措施将废水排出，废油储存在事故油池并回收处理，其中事故油池分离的废水中污染物为石油类。

2. 运营期污水治理处理技术

变电站的生活污水均通过管道收集并送至地埋式一体化污水处理装置内，经二级生化处理后可达到《城市污水再生利用　城市杂用水水质》（GB/T 18920—2022）、《城市污水再生利用　农田灌溉用水水质》（GB 20922—2007）标准，处理后污水存于站内储存池内，可作为绿化用水、农田灌溉用水或定期清运，不直接排放。

变电站（换流站）内油浸电气设备包括主变压器、换流变压器、高压电抗器、站用变，在事故情况下排油，经设备下部的油坑收集，通过地下排油管道汇入布置在设备附近的事故油池内，进行油水分离后，水排出至雨水排水管网，事故油保留在事故集油池内，可通过油泵抽取回收。

2.1.3 技术实施要求

根据相应技术原则及设计依据，对特高压工程施工期、运营期产生的废水进行具体分析，对不同阶段污水的污水处理工艺进行分析，详细说明工艺原理。

2.1.3.1 技术设计原则

（1）贯彻执行国家关于环境保护的政策，符合国家的有关法规、规范及标准。

（2）设备选型采用运行稳定可靠、管理方便、维修维护工程量小的通用设备。

（3）根据设计进水水质和回用水质要求，所选废水处理工艺应技术先进成熟、处理效果好、运行稳妥可靠、高效节能、经济合理，减少工程投资及日常运行费用。

（4）平面布置力求在便于施工、便于安装和便于维修的前提下，使各处理构筑物尽量集中，节约用地，扩大绿化面积。

（5）妥善处理和处置处理过程中产生的沉砂和污泥，避免造成污染。

2.1.3.2 设计依据

（1）《中华人民共和国环境保护法》。

（2）《中华人民共和国水法》。

（3）《中华人民共和国水污染防治法》。

（4）《污水综合排放标准》（GB 8978—1996）。

（5）《污水排入城镇下水道水质标准》（GB/T 31962—2015）。

（6）《城市污水再生利用　农田灌溉用水水质》（GB 20922—2007）。

（7）《城市污水再生利用　城市杂用水水质》（GB/T 18920—2020）。

2.1.3.3　工艺设计

1. 施工期污水处理工艺

（1）施工生活污水处理方式及处理工艺。特高压工程在施工期产生的生活污水主要采用化粪池设施进行处理，化粪池是将生活污水分格沉淀及对污泥进行厌氧消化的小型处理构筑物，是处理粪便并加以过滤沉淀的设备。

化粪池是一种利用沉淀和厌氧发酵的原理，去除生活污水中悬浮性有机物的处理设施，属于初级的过渡性生活处理构筑物。生活污水中含有大量粪便、纸屑、病原虫，有机物浓度 COD_{Cr} 在 100～400mg/L 之间，其中悬浮性的有机物浓度 BOD_5 为 50～200mg/L。污水进入化粪池经过 12～24h 的沉淀，可去除 50%～60% 的悬浮物。沉淀下来的污泥经过 3 个月以上的厌氧发酵分解，使污泥中的有机物分解成稳定的无机物，易腐败的生污泥转化为稳定的熟污泥，改变了污泥的结构，降低了污泥的含水率。定期将污泥清掏外运，填埋或用作肥料。化粪池结构图示如图 2−1 所示。

（2）施工生产废水处理方式及处理工艺。施工期生产废水包括设备堆场、砂石清洗、车辆清洗废水、建筑结构养护废水等，生产废水应集中处理，处理后的废水进行回用，可用于喷洒施工路面、建筑养护用水。在施工现场中应设置废水沉淀池，废水沉淀池设置的位置、容积应根据施工地点的变化进行调整，沉淀时间应大于 1h，以满足现场施工废水处理的需要。施工期废水处理设施如图 2−2 所示。

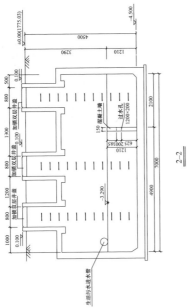

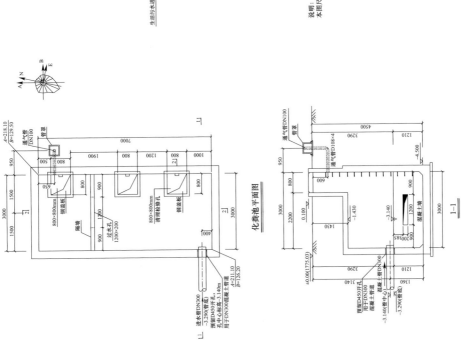

图 2－1 化粪池结构图示

图2-2 施工期废水处理设施

2. 运行工期污水处理工艺

（1）生活污水处理方式及处理工艺。

1）生活污水处理方式。通过调研，目前特高压变电站（换流站）生活污水处理方式主要为通过化粪池沉淀后排入地埋式污水处理设施后处理，处理达标后用于站区绿化或定期清掏。

2）地理式污水处理装置处理工艺。以 WSZ-A-1 型地埋式污水处理装置为例，生活污水量为 $1m^3/h$，安装时埋地安装，顶部覆土 1m，可以绿化种草，留人孔在外以备检修时使用，平时为自动运行，操作人员只需定期打开人孔检视是否正常运行即可。污水处理装置设备剖视图如图2-3所示。

本套污水处理设备采用生化法对生活污水进行处理，生化法又称淹没式生物滤池，就是在池内挂满或充填惰性填料，并在池内设人工曝气装置，污水流入池内时，曝气装置向污水供氧，并起搅拌和混合作用，污水中的有机物与填料上的生物膜广泛接触，在微生物的新陈代谢作用下，有机物得到去除。

生活污水先排至调节池，调节池对污水有均质均量及沉淀颗粒较大的污物的作用。然后由潜污泵把污水送至接触氧化池。接触氧化池内布满填料，池底有曝气头不断向池内曝气，使附着在填料上的生物菌得到充足的氧气，生物菌再对污水中的有机物吸收，使污水净化。污水再自流至沉淀池，进一步沉淀澄清，之后再自流至消毒池，经消毒后自流排出到清水池。在污水处理的过程中，由于沉淀的颗粒、脱落的老化生物膜，设备内会产生污泥，这些污泥会从沉淀池自流到污泥池中，以保持污水处理设备稳定运行。污泥池一般两年左右由用户清理一次即可。

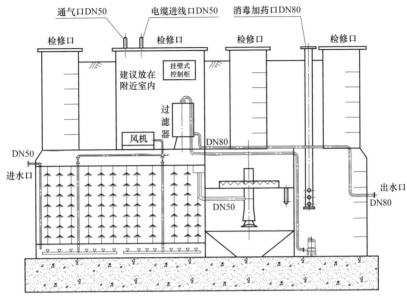

图 2-3　污水处理装置设备剖视图

经过曝气氧化处理，并沉淀澄清后的生活污水，其有机物含量基本去除，再经消毒处理后的水流到了清水池，最后通过清水提升泵将水打入过滤器过滤后进入回用水池。回用水池安装 2 台回用水泵，回用水池提升泵只能手动启动。污水处理装置工艺流程图如图 2-4 所示。

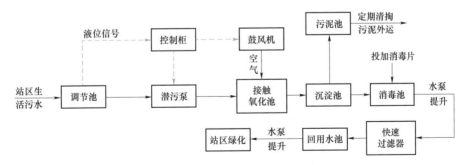

图 2-4　污水处理装置工艺流程图

（2）事故油污水处理方式。事故油池具有油水分离的功能，分离后的事故油贮存在事故油池内，由专业部门进行回收处理，事故油污水一般排入站内废水排水系统或雨水排水系统。

2.1.4 技术实施要点

根据变电（换流）站地理位置及周围市政设施情况，针对性地进行污水处理设计，同时提出要加强污水处理设施维护管理要求。

2.1.4.1 合理进行处理方式、设施布设

特高压变电站（换流站）站区选址位置及当地市政污水管网设施决定污水处理方式及设施确认。

（1）如特高压变电站（换流站）站址选择城市区，由于当地有健全市政污水管网，变电站生活污水可经化粪池经处理后，达到《污水排入城镇下水道水质标准》（GB/T 31962—2015）后可直接排放市政污水管网。

（2）如特高压变电站（换流站）站址选择乡村区域，无市政排水设施，但周围有地表水体，可按地表水体功能区要求，站内污水需达到《污水综合排放标准》（GB 8978—1996）相应排放标准。变电站生活污水可经化粪池＋地埋式污水处理设施处理后，经站外沟、渠排入周围受纳水体。

（3）如特高压变电站（换流站）站址选择乡村区域，无市政排水设施，周围亦无地表水体，可对站内污水经处理后回用绿化或农田灌溉。站内污水需达到《城市污水再生利用 农田灌溉用水水质》（GB 20922—2007）、《城市污水再生利用 城市杂用水水质》（GB/T 18920—2020）要求后，夏季直接回用、冬季暂存储水池内或定期清运至周围城镇污水处理厂。

2.1.4.2 加强运维管理和质量管控措施

通过对变电站（换流站）污水处理设施统计，发现污水处理设施未正常运转主要存在下列原因：

（1）变电站污水产生量过少且不稳定，不满足污水处理设施处理要求。

（2）变电站污水处理设施未定期维护导致闲置。

（3）高寒高海拔地区，排水管内污水常年被冻结导致无法正常运转。

为进一步提高变电站污水治理效果，提出设计、施工及运维全过程的管控要求：

（1）优化污水治理设施设计，变电站污水治理设施的设置应起到保护环境和节约资源的目的，其设计应结合变电站自身运行模式、排水情况、环境特点、基础设施条件等进行综合考虑。

（2）提高环保设施建设质量，建设单位在建设管理过程中可通过例行检查、质量抽查、验评检测等多种形式加强环保设施的建设管理工作，确保污水处理设施的质量满足后续长期运行要求。

（3）加强污水治理设施运维管控，环保设施投入运行后，应定期对环保设施进行管护，对污染物定期清理、转运和处理，做好台账记录，避免污水处理设施的无效运行；定期开展变电站污水的理化生物指标检测，确保污水排放符合环境管理要求。

2.1.5　±800kV 南昌换流站污水处理技术应用案例及技术应用效果分析

以 ±800kV 南昌换流站为例，阐述站内生活污水处理系统和事故油污水处理应用情况。

2.1.5.1　±800kV 南昌换流站污水处理技术应用案例

1. 工程概况

南昌换流站位于江西省抚州市东乡区杨桥殿镇，距抚州市东乡区约 11km。

（1）生活污水处理。南昌换流站日均生活污水量约 5.4m³/d，换流站设置 1套地埋式生活污水处理设备，处理能力为 5m³/h。处理后排入废水池，定期清运。生活污水处理装置调试合格，运转正常。南昌换流站地埋式污水处理流程示意图如图 2-5 所示。

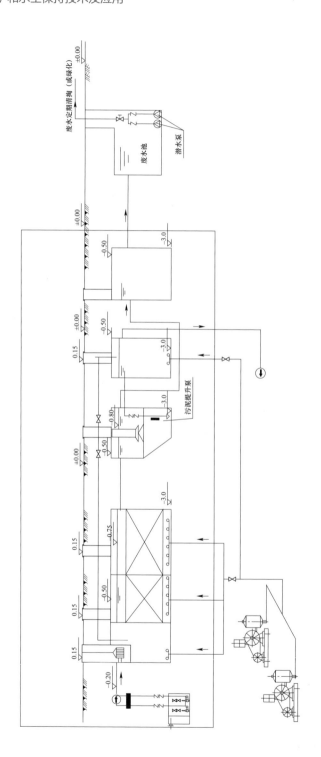

图 2-5 南昌换流站地埋式污水处理流程示意图

（2）南昌换流站生活污水处理装置调试。在投运前完成了 4 次生活污水处理装置调试工作，消水泵、浮球阀、液位计安装位置正确，管道连接、电缆连接、阀门开闭位置正确，风机转向与其中轮标记转向方向一致，水泵出水正常。液位指标正常点亮，自动状态风机启动正常，低、中、高液位水泵启动正常，清水池高液位潜水泵启动正常。

（3）事故油污水。全站共设置 5 座事故油池。其中换流变压器事故油池 2 座，每座贮油池容积200m³（对应的单台换流变压器最大油量约 172m³）；500kV 降压变事故油池 1 座，有效容积约 98m³（降压变区域对应的单台带油设备最大油量为 77m³）；站外电源事故油池 1 座，有效容积约 16m³（站外电源区域对应的单台带油设备最大油量为 12m³）；调相机事故油池 1 座，有效容积约 87m³（调相机区域对应的单台带油设备最大油量为 81m³）。能够满足《火力发电厂与变电站设计防火标准》（GB 50229—2019）中事故油池的有效容积应按其接入的油量最大的一台设备确定的要求。

事故油池具有油水分离的功能，分离后的事故油贮存在事故油池内，由专业部门进行回收处理，废水排入站内废水池，最后排入东乡区东升工业园区污水处理厂。南昌换流站事故油池平面图如图 2-6 所示。

2. 污水处理设施、工艺及处理能力

南昌换流站均按环评及设计要求建有地埋式污水处理系统，且换流站在投运前完成了 4 次生活污水处理装置调试工作。污水处理情况见表 2-1。

表 2-1   南昌换流站污水处理情况

换流站概况			污水处理		
名称	人员及班次	绿化面积	设备及工艺	处理能力	处理去向
南昌换流站	18 人/班，每班 4 天	90000m²	地埋式污水处理设施	120m³/d	清运

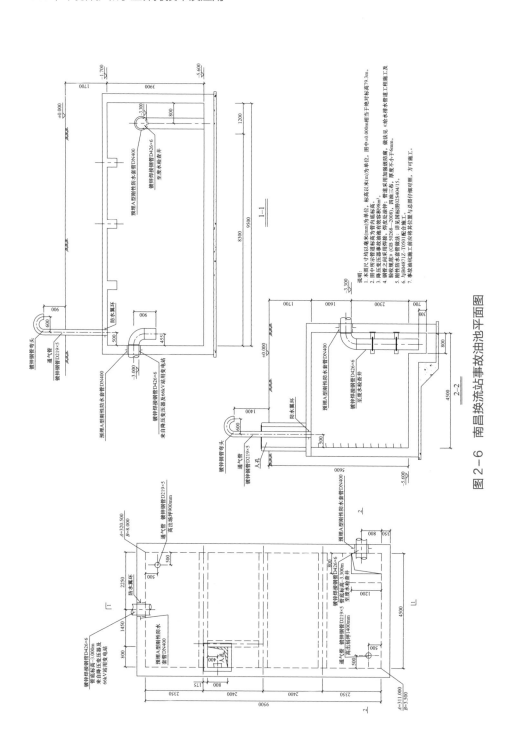

图 2-6 南昌换流站事故油池平面图

南昌换流站设置地埋式一体化生活污水处理设施，采用二级生物接触氧化法处理生活污水，处理能力为 120m³/d，生活污水处理装置调试合格，运转正常。生活污水经污水处理装置处理后排入回用废水池，用于站区绿化。南昌换流站水环境保护措施如图 2-7 所示。

(a)   (b)

图 2-7　南昌换流站水环境保护措施

(a) 南昌换流站地埋式污水处理设施；(b) 南昌换流站废水池

2.1.5.2　技术应用效果分析

根据已进行竣工环保验收换流站南昌换流站的生活污水处理后检测结果进行对比分析，处理后的水质及排放标准对比见表 2-2。

表 2-2　　　　南昌换流站生活污水处理后水质与排放标准对比

项目	单位	监测值	《污水综合排放标准》（GB 8978—1996）中一级标准	《城市污水再生利用农田灌溉用水水质》（GB 20922—2007）	《城市污水再生利用城市杂用水水质》（GB/T 18920—2020）
pH 值	—	6.05	6～9	6～9	6～9
化学需氧量（COD）	mg/L	53	100	100～200	—
五日生化需氧量（BOD$_5$）	mg/L	10.6	20	40～100	20

项目	单位	监测值	《污水综合排放标准》（GB 8978—1996）中一级标准	《城市污水再生利用 农田灌溉用水水质》（GB 20922—2007）	《城市污水再生利用 城市杂用水水质》（GB/T 18920—2020）
悬浮物（SS）	mg/L	49	70	60～100	—
氨氮（NH_3-N）	mg/L	0.928	15	—	20

根据表 2-2 中已竣工环保验收南昌站污水处理设施出水水质与排放标准对比，换流站内生活污水经处理后完全满足《污水综合排放标准》（GB 8978—1996）中一级标准、《城市污水再生利用 农田灌溉用水水质》（GB 20922—2007）、《城市污水再生利用 城市杂用水水质》（GB/T 18920—2020），即可直接排入水体，也可以直接回用于绿化、农田灌溉。

2.2 变电站（换流站）噪声防控设计技术及应用

2.2.1 技术实施背景

特高压变电站（换流站），作为重要的电力基础设施，随着近年来特高压工程建设步伐的加快，以及国家、地方对于环境保护要求的不断提升，变电站（换流站）运行期噪声影响越来越多地受到建设单位、生态环境部门以及普通公众的关注。

为此，建设单位在开展前期设计咨询工作时，针对变电站（换流站）的噪声影响进行了专门分析评价，通过大量工程实践总结形成了目前较为成熟的噪声防控措施体系。

2.2.2　技术实施特点

特高压变电站（换流站）24h 连续运行特点，其噪声属于持续稳态噪声，以设备振动低频声为主，具有声波长、绕射能力强、传播距离远、能量衰减慢等特点。

特高压变电站（换流站）运行期噪声来自交流变压器、换流变压器、电抗器、电容器、阀外冷却器、风机及母线金具电晕产生的噪声。其中，特高压变电站主要噪声源为主变压器、高压电抗器；特高压换流站主要噪声源为换流变压器、交流变压器、交流滤波器、直流滤波器、平波电抗器、阀外冷却器。

变压器噪声包括电磁作用力引起的变压器本体（铁芯、绕组、油箱）振动噪声和冷却装置（主要为冷却风扇）运转产生的空气动力噪声。电抗器、电容器噪声产生原理与变压器基本相同，主要是铁芯绕组引起的机械振动噪声。

变压器本体机械振动噪声以中低频为主，频谱范围在 100～500Hz 之间；电抗器机械振动噪声以中低频为主，频谱范围在 100～1300Hz 之间；冷却风扇转动噪声以中高频为主。变电站（换流站）主要高噪声设备如图 2-8 所示。

| (a) | (b) |

图 2-8　变电站（换流站）主要高噪声设备（一）

（a）1000kV 交流变压器；（b）换流变压器

图 2-8　变电站（换流站）主要高噪声设备（二）

（c）高压电抗器；（d）平波电抗器；（e）交流滤波器组；（f）直流滤波器组；

（g）封闭阀厅；（h）封闭调相机机房

(i)　　　　　　　　　　　　　　　　(j)

图 2-8　变电站（换流站）主要高噪声设备（三）

(i) 阀外水冷却器；(j) 阀外空冷却器

2.2.3　技术实施原理

根据声音传播原理，声音的传递包括发声体、传播途径、受声体三个部分，声音从发声体发出，以波的形式将声能通过一定的介质（空气、固体等）传递到受声体（可以是某个固定对象，也可以是广泛空间）。由此对应的噪声控制也可分为噪声源强控制、传播途径控制、噪声敏感目标防护三个方面。

根据噪声防控的基本原则，按照噪声源强控制、传播途径控制、噪声敏感目标防护优先级依次递减制定噪声防控措施，其中噪声源强控制和传播途径控制属于主动防控措施，噪声敏感目标防护属于被动防控措施。

噪声源强控制，具体到输变电工程应用上，主要包括限制设备源强和加装隔声罩（Box-in）两种措施。

传播途径控制，具体到输变电工程应用上，主要包括优化站区平面布置、优化防火墙、对建筑物内部进行隔声吸声设计，以及加高围墙、设置隔声屏障四种措施。

噪声敏感目标防护，包括划定站外噪声控制区、为敏感建筑物加装隔声窗等措施。随着国家生态环境保护要求的不断提高，以及坚守环境质量不下降的底线原则，用设置噪声控制区的被动方式来抵消噪声超标影响的方式已越来越少被采用。为敏感建筑物加装隔声窗一般用于城区内 110、220kV 变电站周围距离较近的中高层住宅和办公楼，且面向声源一侧建筑物外立面无凸出的人可活动平台，而特高压变电站（换流站）的选址通常在距离城市较远的空旷区域，采用该种防护措施的必要性不大。变电站（换流站）噪声传播示意图如图 2-9 所示。

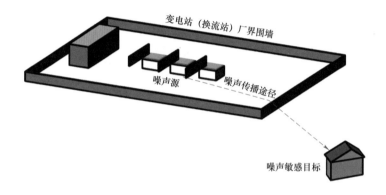

图 2-9　变电站（换流站）噪声传播示意图

2.2.4　技术实施要点

通过对已运行的特高压变电站（换流站）的搜资监测调查，对变电站厂界噪声排放贡献最大的声源设备是主变压器和高压电抗器，对换流站厂界噪声排放贡献最大的声源设备是换流变压器、交流变压器、阀外冷却器。

结合大量的特高压变电站（换流站）方案设计和总平面布置经验，变电站的主变压器和换流站的换流变压器、阀外冷却器通常布置在站区中央位置，其噪声源强对全站噪声水平产生整体影响；变电站的高压电抗器通常布置在线路出线间隔区，距离围墙较近，对局部厂界噪声水平产生明显影响。变电站噪声影响分布示意图如图 2-10 所示。

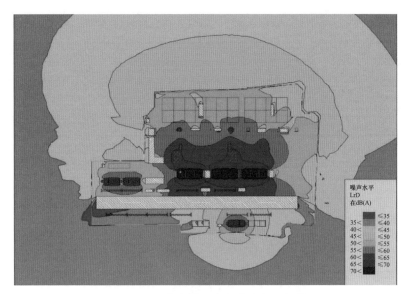

图 2-10　变电站噪声影响分布示意图

1. 噪声源强控制措施

（1）限制设备源强。严格执行工程环境影响评价提出的噪声源强限值，并尽可能选择低噪声设备。在物资采购环节，通过在招标技术规范书中对主要电气噪声设备的源强进行限制，从而实现对噪声的源头控制。变电站（换流站）声源设备预测评价控制推荐限值见表 2-3。

表 2-3　　　　变电站（换流站）声源设备预测评价控制推荐限值

声源设备	声功率级 $L_{W(A)}$ ［dB（A）］
换流变压器	120
换流变压器冷却风扇	98
平波电抗器	90
1000kV 交流滤波器电容器	88
1000kV 交流滤波器电抗器	88
直流滤波器电容器	80
直流滤波器高压电抗器	80
空气冷却器（空冷）	100
闭式蒸发式阀冷却塔（水冷）	95

续表

声源设备	声功率级 $L_{W(A)}$ [dB（A）]
1000kV 主变压器	102
750kV 变压器	100
500kV 变压器	98
320Mvar 高压并联电抗器	104
280Mvar 高压并联电抗器	102
240Mvar 高压并联电抗器	101

（2）加装隔声罩（Box-in）。Box-in 是将主变压器、换流变压器、高压电抗器等源强大的噪声设备，封装在箱型结构中，通过近源隔声方式达到显著降噪（隔声量可达 20dB）的一种控制手段，是特高压变电站（换流站）目前普遍采取的一种有效的噪声防控措施。隔声罩从结构形式上分为可拆卸式和移动式两类，考虑到设备运行安全和检修维护方便，目前设计安装主要应用可熔断型顶盖结构的拆卸式隔声罩。隔声罩如图 2-11 所示。

图 2-11 隔声罩

2. 传播途径控制措施

（1）优化站区平面布置。将主变压器、换流变压器集中布置在站区中央位置，尽量增加高噪声设备与四周厂界的直线距离，充分发挥距离衰减的作用。

利用综合楼、阀厅及控制楼、GIS 室、保护室、备品备件库、车库等建筑物，对主变压器、换流变压器噪声的直线传播路径进行阻隔屏障，进一步削弱对厂界声能的贡献。

此外，对有条件的新建站址也可以调整总体布置轴线方向，进一步降低对站外声环境敏感目标的噪声影响。

（2）优化防火墙。主变压器、换流变压器、高压电抗器在本体进行消防设计时，相邻两台设备之间会设置防火墙，防火墙高度不低于变压器、高压电抗器的储油柜高度。客观上，防火墙起到了对主变压器、换流变压器、高压电抗器近场噪声的传播途径的阻隔衰减效果，兼备噪声防控的功能。

为进一步加强对近场声源的衰减，可增设防火墙以达到主变压器、换流变压器、高压电抗器单台设备对称两侧均有防火墙进行隔声。同时，视具体降噪需求可对防火墙进行吸声设计，包括砌筑、浇筑材料的吸声性能选择以及外设的附壁吸声板材。降噪防火墙如图 2-12 所示。

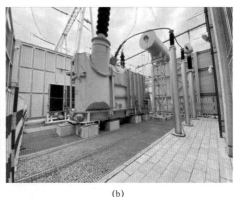

(a)　　　　　　　　　　　　　　　　(b)

图 2-12　降噪防火墙
（a）主变压器防火墙；（b）防火墙做吸声处理

（3）对建筑物内部进行隔声吸声设计。对采用户内布置型式的高噪声设备（如换流阀、调相机），噪声主要以透射声形式向外传播，声能已经过建筑本体的吸收而大幅衰减。为进一步加强对近场声源的衰减，可通过对阀厅、调相机房的室内墙面进行吸声处理，对门、通风口进行隔声或消声处理。

（4）加高围墙、设置隔声屏障。厂界控制措施，是变电站（换流站）在传播途径上针对噪声衰减的最后一道控制措施，通常包括加高围墙、增设隔声屏障两种。一般来说，加装同样高度的隔声屏障的隔声效果要优于加高同样高度的框架式围墙，具体措施实施可以单独设置，也可以综合叠加设置。

加高围墙和增设隔声屏障的布设位置、布设净高具体结合站区总平面布置、站区周围地形环境和敏感目标分布情况、噪声影响预测结果而定。主变压器、换流变压器通常布置正在站区中央位置，而高压电抗器通常布置在线路出线间隔区，距离围墙较近，对靠近一侧的厂界噪声排放贡献突出，因此靠近高压电抗器侧的局部厂界围墙通常需要采取加高和增设隔声屏障的控制措施。

需要注意的是，由于《工业企业厂界环境噪声排放标准》（GB 12348—2008）中对于厂界噪声监测布点位置的要求，对变电站（换流站）的厂界外有受影响的声环境敏感目标分布时，面向声环境敏感目标一侧的厂界在考虑噪声控制措施布设方案时，应优先选择"围墙–加高围墙–加装声屏障"，不建议单纯采取加高围墙的控制方式。 厂界围墙噪声控制措施如图 2–13 所示。

图 2–13 厂界围墙噪声控制措施
（a）加高围墙；（b）隔声屏障

2.2.5　技术应用环保水保效果分析

下面以锡盟 1000kV 变电站为例阐述具体效果分析。

1. 地理环境

锡盟 1000kV 变电站，位于内蒙古自治区锡林郭勒盟多伦县滦源镇。站址处地势开阔，地形有一定坡度，但是变化较为平缓。站址周边区域现状为草地、林地。

2. 建设规模

变电站一期工程包含在锡盟—山东 1000kV 特高压交流输变电工程中，后历经几次扩建后，目前变电站已建规模为：1×3000MVA 主变压器，4 回 1000kV 出线，4 回 500kV 出线，2×720Mvar$+1\times960$Mvar$+2\times120$Mvar 高压电抗器，4×240Mvar 低压电抗器，4×210Mvar 低压电容器。

本期扩建 1×3000MVA 主变压器、1×240Mvar 低压电抗器、1×210Mvar 低压电容。

3. 总平面布置

锡盟 1000kV 变电站站区总平面为三列式布置，站区由南向北依次为 1000kV 配电装置、主变压器及 110kV 配电装置、500kV 配电装置。1000kV 配电装置区采用户内 GIS 设备，主变压器及 110kV 配电装置布置在 1000kV 配电装置和 500kV 配电装置中间，1000kV 出线分别向北、向南、向东出线；500kV 配电装置区均采用 HGIS 设备，500kV 出线分别向北、向东出线。进站大门布置在东侧。主控通信楼布置在主变压器无功区东侧端部，备品备件库布置在主控通信楼北侧，其他小室分布于各配电装置区内，主变压器、高压电抗器消防设备间均位于设备中部，其他辅助建筑布置在站前区空地。锡盟变电站站址环境鸟瞰图如图 2-14 所示。

图 2-14　锡盟变电站站址环境鸟瞰图

变电站前期已按终期规模征地，站区总占地面积 12.83ha，其中围墙内用地面积 11.886ha。锡盟变电站总平面布置示意图如图 2-15 所示。

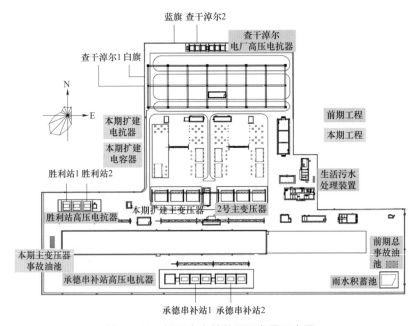

图 2-15　锡盟变电站总平面布置示意图

4. 声环境质量现状

锡盟变电站现状噪声监测结果见表2-4。

表2-4　　　　　　　　　锡盟变电站现状噪声监测结果

监测点位名称	监测结果 [dB（A）]		执行标准 [dB（A）]		
	昼间	夜间	类别	昼间	夜间
北侧厂界 1	39.5	39	2 类	60	50
北侧厂界 2	39.2	38.7	2 类	60	50
东侧厂界 3	46.9	45.2	2 类	60	50
东侧厂界 4	47	45.6	2 类	60	50
西侧厂界 5	49.7	49.3	2 类	60	50
西侧厂界 6	47.5	47.2	2 类	60	50
西侧厂界 7	41.5	41.3	2 类	60	50
北侧噪声防护区边界 8	38.6	37.8	2 类	60	50
东侧噪声防护区边界 9	39.2	38.7	2 类	60	50
南侧噪声防护区边界 10	43.3	42.8	2 类	60	50
西侧噪声防护区边界 11	39.9	38.6	2 类	60	50
西北侧噪声防护区边界 12	46.2	45.7	2 类	60	50

5. 噪声预测

锡盟变电站噪声控制措施布置示意图如图2-16所示。

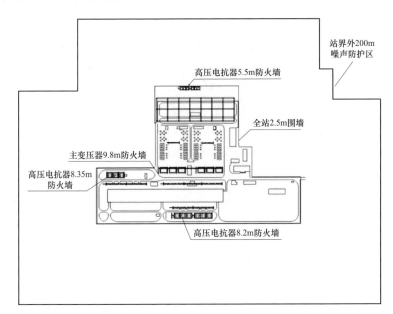

图2-16　锡盟变电站噪声控制措施布置示意图

采取上述噪声控制措施后，锡盟变电站扩建工程建成后对周围环境的噪声贡献预测情况见表 2-5。

表 2-5 锡盟变电站噪声贡献预测结果

厂界噪声贡献值 [dB（A）]			噪声防护区边界噪声贡献值 [dB（A）]			噪声防护区边界噪声标准 [dB（A）]	
位置	昼间	夜间	位置	昼间	夜间	昼间	夜间
东侧厂界	49.3	49.3	东侧防护区边界	41.1	41.1	60	50
南侧厂界	53.4	53.4	南侧防护区边界	46.9	46.9	60	50
西侧厂界	53.7	53.7	西侧防护区边界	43.9	43.9	60	50
北侧厂界	48.7	48.7	北侧防护区边界	45.2	45.2	60	50
西北侧厂界	54.5	54.5	西北侧防护区边界	46.5	46.5	60	50

锡盟变电站噪声预测结果示意图如图 2-17 所示。

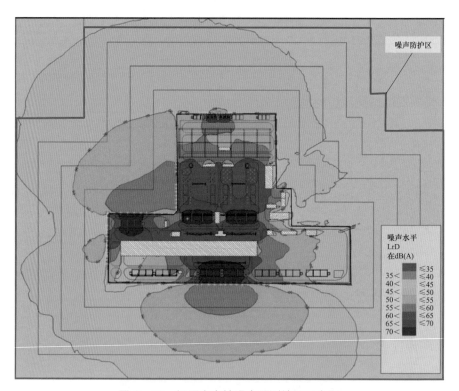

图 2-17 锡盟变电站噪声预测结果示意图

采取噪声控制措施后，锡盟变电站扩建工程各侧厂界噪声贡献值最大值为

48.7～54.5dB（A），其中东侧站界最大噪声为 49.3dB（A），南侧高压电抗器侧站界处最大噪声为 53.4dB（A），西侧主变压器及低压侧站界处最大噪声为 53.7dB（A），西北侧高压电抗器处站界最大噪声为 54.5dB（A），北侧站界最大噪声为 48.7dB（A）。

噪声防护区边界噪声贡献值最大值为 41.1～46.9dB（A），满足《工业企业厂界环境噪声排放标准》（GB 12348—2008）中 2 类标准限值要求。

2.3　线路工程水下承台基础拉森钢板桩围堰施工技术及应用

2.3.1　技术实施背景

近年来，在湖泊、河网区域的特高压输电线路工程施工建设中，经常面临在鱼塘、河网、湖泊等水域中修建基础低桩承台的情况，此时临时围堰工程的实施必不可少，而采用传统材料的土石围堰、草土围堰、混凝土围堰等围堰形式工程量较大，仅适用于水域不流动的池塘、藕塘等情况，不适用于修建水域承台的临时围堰，且环保水保等经济效益较差。

拉森钢板桩围堰具有优越的防水性能、施工工艺的成熟性、对河网区域地质条件的良好适应性和良好的环保水保效益等一系列优点，且相较于同类型的钢吊（套）箱围堰、钻孔桩围堰等形式其工程造价相对较低，是流速较大的淤泥质土、粉质黏土、砂类土及碎石土等河床、湖泊的首选围堰形式。

2.3.2　技术实施特点

（1）拉森钢板桩围堰水下承台基础施工可用于流速较大的淤泥质土、粉质黏土、砂类土及碎石土等鱼塘、河床、湖泊等水域，有良好的适应性，适用范围较广。

（2）施工操作简单方便、可靠性强，防水性能优越、施工速度快，能满足工程需求。

（3）拉森钢板桩围堰可用于一定深度水下施工。

（4）环保水保效益高。

2.3.3 技术实施原理

拉森钢板桩施工前用平板船载履带吊连接打桩机插打钢板桩围堰，安装圈梁及内支撑，用平板船载履带吊吊放、埋设钢护筒就位后，利用钢板桩围堰搭设基础钻孔施工平台，然后在施工平台上安放钻机进行钻孔桩施工，采用垂直导管法灌注水下混凝土。钢筋笼在岸上材料临时堆放点分段组装，用船舶运到塔位，履带吊配合安装。钻孔桩施工结束后拆除施工平台，围堰内抽水后，清理基底，浇筑垫层混凝土，安装钢筋、钢模板浇筑承台及立柱混凝土。基础施工完成后进行接地等附属结构施工。基础施工完毕后拔除钢板桩围堰，运输至码头，完成基础施工。拉森钢板桩围堰基础施工如图 2－18 所示。

(a)   (b)

图 2－18　拉森钢板桩围堰基础施工

（a）围堰制作；（b）围堰内基础浇制

2.3.4 技术实施要点

2.3.4.1 施工准备

拉森钢板桩围堰水下承台基础施工前应做好技术准备、人员准备、材料设备准备及质量验收等工作。

2.3.4.2 分坑定位

检查、校核桩位、档距是否与断面图和图纸明细表相符，定期检查、校核基础各腿处水深、淤泥深度、水流速度。利用 GPS 和经纬仪等测量仪器测设出钢板桩围堰四角控制点，并用竹竿或钢管初步标记，钢板桩插打施工前，再次校核钢板桩围堰四角控制点。

2.3.4.3 钢板桩围堰插打施工

利用履带吊配合液压振动打桩机作为起吊和插打设备，逐根插打。插打过程中，须遵守"插桩正直，分散即纠，调整合龙"的施工要点，从上游边开始依次插打钢板桩至下游侧合龙，合龙点选择在离角桩 4～5 根范围，合龙处的两根桩应一高一低。围堰合龙后，利用履带吊配合安装牛腿、圈梁及内支撑。钢板桩插打如图 2-19 所示。

2.3.4.4 埋设钢护筒

护筒埋设前围堰内不抽水，护筒顶标高与钻孔平台顶相同。护筒上方设置吊环，使用履带吊连接振动锤将护筒打入设计位置，如护筒露出围堰平台部分较长，则割除长出部分。

图 2-19　钢板桩插打

2.3.4.5　搭设钻孔平台

利用围堰搭设施工平台，供钻机站位。钻孔施工时，需在平台四周设置安全防护围栏。

2.3.4.6　钻孔桩施工

利用履带吊将钻机分解吊装至平台上就位，钻机底座焊接在平台上，钻孔时产生的泥浆和钻渣用泥浆船进行储存，用船载泵车泵送混凝土下料。桩基础施工完毕后，泥浆及钻渣需运至政府指定处理位置进行处理，以保护自然环境。灌注水下混凝土如图 2-20 所示。

图 2-20　灌注水下混凝土

2.3.4.7 拆除钻孔平台

在承台及立柱施工前，先按逆序拆除钻孔设备、平台及护筒，围堰排水后割除护筒，吊装至运输船上运离。

2.3.4.8 围堰排水堵漏

围堰内部抽水过程中，如发现漏水应及时进行封堵止水。在围堰内设置汇水井，当围堰漏水较多时，采用污水泵抽除围堰内积水。承台及立柱施工至拆模过程中围堰内应一直排水，确保承台底部无水。围堰排水如图 2-21 所示。

图 2-21　围堰排水

2.3.4.9 垫层施工

施工垫层前，应凿除桩头、清除基层的淤泥和杂物、挖除预留的覆土、根据木桩上水平标高控制线向下量出垫层标高。用船载泵车泵送方式进行垫层混凝土浇筑，完成垫层铺设后，以木桩上水平控制点为标志，带线检查平整度并进行修整。

2.3.4.10 承台及立柱施工

按图纸尺寸配置模板，用吊车分段分片吊装立柱模板。将整组地脚螺栓与定位板、锚板组装后一起吊装,浇筑过程中应随时检查地脚螺栓位置、大小根开、露出高度及垂直度等。用船载泵车泵送方式进行混凝土浇筑。混凝土浇筑如图2-22所示。

图 2-22 混凝土浇筑

2.3.4.11 钢板桩围堰拆除

混凝土强度满足设计强度要求后,拆除围堰内模板,清理围堰内杂物,围堰内外水面处于相同高度后,利用打桩机逐根拔除围堰钢板桩并装船运离。

2.3.5 应用案例及环保水保效果分析

1. 应用案例

山东—河北环网工程线路工程途经南四湖区(包含南四湖省级自然保护区、微山湖风景名胜区及南四湖生物多样性维护、水源涵养生态保护红线区),共有27基铁塔基础位于湖区内,施工难度巨大、环境保护压力巨大。其中6S047塔所处位置距离岸边约500m,属于标准的四面"环水"施工,所处位置水深5m,属于"深水"作业,基础群桩上部承台坐落在湖底,属于首次进行承台"水下"施工。"环水"作业涉及的泥浆排放、混凝土运输、废水排放、废油处理均可能产生水体污染。"深水"作业的大水压和压差变化,以及"水下"施工承台,围堰处理不当也会造成水体污染。

为解决"环水""深水""水下"这 3 个因素可能带来的环保水保问题,建设者们研究确定了 6S047 基础施工采用拉森钢板桩围堰基础施工技术,并采用钢管桩施工平台、大吨位船舶施工平台、船运罐车、泥浆船集中运输泥浆等方式,同时提出了"泥浆零排放、材料零污染、施工零干扰"的"三零"工作目标,要求严格控制施工扰动范围,坚持"预防为主,保护优先";全面落实各项防治措施,坚持"全面规划,综合治理";切实做好弃土弃渣管理,坚持"因地制宜,突出重点";严格落实各项水保制度,坚持"科学管理,注重效益";全面恢复区域生态环境,打造"绿色电网,生态电网"。

各单位重点针对防止进场道路、码头扬尘,防止泥土污染;建造码头施工时防止淤泥污染、防止混凝土材料污染;航道清淤及网箱拆除时防止淤泥污染;所有机械作业时防油料污染;钢管桩、拉森钢板桩贯入时防淤泥污染;基坑开挖时泥浆外运,防泥浆污染;基础施工时混凝土运输及浇筑防材料污染;施工过程中污水排放污染;施工阶段防生活污染;修筑运输道路及航道污染;码头淤泥恢复、植被恢复等环保水保控制要点和内容进行了把控,把工程施工对环境的不利影响降到最低程度,确保了南四湖段线路沿线水质不受污染、固体废物得到有效处置、施工扬尘及噪声得到有效控制、生态环境得到有效保护。

2. 环保水保效果分析

(1)该施工方法简单方便、安全可靠,有优越的防水性能,具有推广应用价值。

(2)该施工方法工程量较小,对地质条件有良好的适应性,适用范围较广。

(3)环保水保性能优越,基础全部在钢板桩围堰内施工,不对围堰外水域造成污染。

(4)钢板桩围堰材料可以重复利用,可有效降低施工费用。

2.4 线路工程重型货运索道环保运输技术及应用

2.4.1 案例实施背景

国内外山地物料运输方式主要包括人力或畜力运输、修路车辆运输、1t 级简易索道运输 3 种，人力、畜力运输在开辟 1m 宽山路的前提下，最大能满足 1t 的运载能力，车辆运输能满足 5t 以内的运载能力，但须开辟 5m 左右宽的山路，资源投入及环境破坏均较大。简易索道难以满足铁塔主材的运输，因此研究形成并推广应用了本案例的多承载索双线循环货运索道环保运输技术（以下简称"重型索道技术"）。人力或畜力运输现场如图 2-23 所示。

(a)   (b)

图 2-23 人力或畜力运输现场

（a）畜力运输；（b）货运索道

特高压同塔双回的输电塔铁塔全部采用钢管塔设计，主材质量 3～5t，最重达 5.7t，采用修路运输会造成大量山体破坏和砍伐树木，产生弃渣和水土流失，且恢复成本及难度极大。当山区山体坡度达 5.711°以上，道路坡度比超过 10%时，重

型索道技术优势突出，不仅能满足最大 6t 的运载能力，对自然环境、地形地貌的
破坏较小，目前已在浙北—福州、榆横—潍坊、张北—雄安等特高压工程中发挥
了关键作用，有效避免了大规模山林环境的破坏，环保水保效益极高。

2.4.2 技术实施特点

索道分为单线索道和双线索道。单线索道一般为景区客运索道。双线循环
索道一般为货运索道，固定的承载索和返空索、一根循环牵引索。本案例多承
载索双线循环货运索道，在大幅提升了运载吨位的同时，充分改进利用返空索，
运输效率也得以大幅提升，主要包括以下特点：

（1）组装、拆卸方便，适合于短期施工的物料运输。对自然地形的适应性
比较强，具有爬坡能力强，可跨越山川、河流、沟壑等的独特优势，具有良好
的环保效益。

（2）索道长度根据物料运输距离长度决定，最长可架设 3000m，运载能力
最高可达 6t。

（3）跨越式材料运输无须大量林木砍伐，几乎不产生弃土弃渣，对山林
破坏和水土扰动非常小，且各支架点位及上卸料场地的生态恢复难度小、用
时少。索道环保运输技术如图 2-24 所示。

图 2-24 索道环保运输技术（一）

图2-24 索道环保运输技术（二）

2.4.3 案例实施原理

利用索道低空运输替代常规地面运输，实现浆料、塔材、工具等材料的绿色经济运输，避免大规模开辟山路造成的山林水土等生态破坏。

以双承载索循环式重型索道为例，包括支架部分、承载索部分、牵引索部分、动力部分、行走机构五部分，现场布置时在满足安全施工的前提下尽量减少施工占地，尽可能复用线路通道搭设索道，尽可能共用装卸料场，支架应尽量选取山高突出位置设立，施工作业人员必须从事先规划好的施工通道内进出，不随意踩踏，减少林木砍伐植被破坏。现场固体废物分类收集处置，配置急救箱和相关的药品和临时卫生间，施工后做到工完料尽场地清。索道运输如图2-25所示。

2.4.4 案例实施要点

2.4.4.1 施工准备

搭设索道之前，完成索道牵引场地及地锚布设、运输路径通道的清理以及索道相关工器具的准备工作。

(a)

(b)

图 2-25 索道运输

（a）塔材索道运输；（b）索道运输接料场

2.4.4.2 索道测量

综合统筹"路径最短、破坏最小、运行可靠"等原则，通过 GPS 和全站仪测量索道搭设的路径断面，确定拐点、障碍物、上料点与下料点的距离、高差，绘制索道架设路径断面图，索道架设示意图及其各部件如图 2-26 所示。

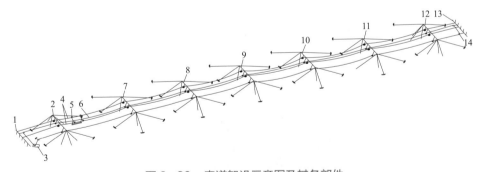

图 2-26 索道架设示意图及其各部件

1—始端地锚；2—始端支架；3—动力部分；4—承载索；5—行走机构；6—牵引索；
7～11—中间支架；12—终端支架；13—终端地锚；14—高速滑车

2.4.4.3 支架安装

支架为三角组合型架，主要由支撑架、顶板、底板、横梁、鞍座等组成。

支架均采用落地拉线布置，如图 2-27 所示。架设过程中与原生环境融合，将林木砍伐和山体破坏降到最低。

图 2-27　索道三角支架及应用

2.4.4.4　牵引、承载索安装

使用无人机方式展放初引钢丝绳且全程不落地，避免钢丝绳油造成水土污染，牵引索和承载索随后张力无落地展放，承载索两端锚固稳定，全程确保无油污染，有效避免了大量的林木砍伐和山体破坏。承载索架设现场图如图 2-28 所示。

图 2-28　承载索架设现场图（一）

图 2-28 承载索架设现场图（二）

2.4.4.5 动力机构

牵引机可拆分便携运输，使用时不得直接接触地面，应用彩条布进行隔垫，防油污渗入土中，使用时必须装设消声装置，索道动力机构如图 2-29 所示。

图 2-29 索道动力机构

2.4.4.6 索道运行

充分利用循环式索道双重运输特性，向上运输浆料、塔材及工器具等，同步具备向下运送弃土弃渣等废料的能力，节省时间投入，以增效实现减排。散料运输应有防洒落措施。索道需定期养护,燃油剂和润滑剂等添加时须有衬垫等防护措施。索道运输主材及附件如图 2-30 所示。

图 2-30 索道运输主材及附件

2.4.4.7 索道拆除

严格按照承载索、牵引索、支架的顺序先后完成拆除。承载索和牵引索只有在始末张力完全消除的前提下才能上牵引车抽回,回抽过程中钢丝绳不能落地,避免油污染。支架拆除方法与架设程序相反,拆除后对上下料场地及各支架点及时进行局部植被破坏的恢复。

2.4.5 环保水保效益分析

索道线路长度一般仅为地面运输路程的 10%~30%,是步行盘道的 33%~50%,线路可随坡就势架设,不需要开挖大量土石方,对地形、地貌及自然环境的破坏小,可重复利用,其建设造成的破坏恢复较为容易。投资为地面运输的 20%~50%,经营仅为地面运输的 5%~10%,总体资源消耗较低。

按照《架空输电线路专用货运索道》和《公路工程技术标准》可以定量分析重型双线循环货运索道比照修路运输产生的生态效益和经济效益计算原则。山体坡度 5.711°时道路坡度比为 10%,车辆可以直接开上山,索道架设基准坡度以此起算。山体坡度 25° 时道路坡度比为 47%，索道弦倾角约 35°，以此计算索道架设最大坡度。坡度平均值为 15.11°，修路曲折系数取 2.7，每延长米开方 2m³、每 2m 种 3 棵树，效益分析以此坡度计算，不考虑跨越河流、沟谷架桥。每架设 1000m 索道，则减少修路 2700m，减少占地、植被破坏及恢复 1ha，减少弃渣约 0.6 万 m³，减少树木砍伐及恢复 4000 株；节约费用约 100 万元，相比于修路运输，载重 5t 卡车运输的山区道路参照《公路工程技术标准》（JTG B01—2019）的规定，选择功能型公路等级体系中的最底层道路（四级公路）建设，其宽度取 4m、坡度小于 10%。只对山体开方整平，挖排水沟，弃渣运走弃渣场处置，后期植树种草，不做道路硬化。重型双线循环货运索道比照修路运输产生的生态效益和经济效益计算见表 2-6。

表 2-6 　　　　　　重型双线循环货运索道比照修路运输产生的
生态效益和经济效益计算

序号	索道支架档距（折算索道长度）(m)	高差角（山体坡度）(°)	高差(m)	修路坡度比(%)	修路曲折系数	修路长度(m)	4m宽度路占地(m²)	每米修路开方量（其中每2m种3棵树）(m³)(株)	树木恢复量（其中每2m种3棵树）(株)	每米修路开方量（弃渣量）(m³)	修路开方费用（其中30元/m³）(万元)	修路弃渣转运5km费用（其中70元/m³）(万元)	弃渣场占地及措施费（其中20元/m³）(万元)	种树费用（其中20元/株）(万元)	种草恢复植被（其中8元/m²）(万元)	开挖排水沟费（其中10元/m）(万元)	道路水土流失防治及维护（其中30元/m）(万元)	架设每千米索道节约修路费用合计(万元)
1	1000	25	466	47	4.7	4663	18652	3.7	6995	17395	52	122	35	14	19	5	14	260
2	1000	20	364	36	3.6	3640	14559	2.9	5460	10598	32	74	21	11	11	4	11	167
3	1000	15.11	270	27	2.7	2700	10800	2	4050	5832	17	41	12	8	11	3	8	100
4	1000	10	176	18	1.8	1763	7053	1.4	2645	2487	7	17	5	5	7	2	5	49
5	1000	5.711	100	10	1.0	1000	4000	0.8	1500	800	2	6	2	3	4	1	3	21

经统计，本案例的重型索道技术已大规模应用于 9 项特高压工程，架设 1208 条，共 1034km。架设索道后减少修路 2792km，节约山体破坏及植被恢复面积 1117ha，减少林木、灌木砍伐及恢复 838 万株，减少弃渣 558 万 m³。经济效益 10.3855 亿元，具体折算情况见表 2-7。

表2-7 重型双线循环货运索道比照修路运输产生的生态效益和经济效益

序号	工程名称	线路长度(km)	山地、高山占比/长度(km)	索道架设条数(条)	索道架设长度(km)	施工时间	减少修路长度(km)	减少4m宽修路占地及植被恢复(ha)	减少灌木水浇灌复数量(其中每2m和3株)(株)	减少修路弃渣量(条渣重量)(m³)	修路开挖方费用(其中30元/m³)(万元)	修路弃渣转运费用(其中70元/m³)(万元)	弃渣场占地及措施费(其中20元/m²)(万元)	种树费用(其中20元/株)(万元)	种草恢复(其中植被8元/m²)(万元)	开挖排水沟费用(其中10元/m)(万元)	道路水土流失防治及维护(其中30万元)(万元)	架设每千米索道省修路费用合计(亿元)
1	皖电东送	2×656	35%/229	43	35	2011年11月~2013年7月	95	38	28	19	567	1323	378	567	302	95	284	0.3515
2	浙北-福州	2×587	68%/399	214	193	2013年4月~2015年3月	521	208	156	104	3127	7295	2084	3127	1668	521	1563	1.9385
3	淮上线	2×759.4	4.36%/32	31	25	2014年4月~2015年10月	68	27	20	14	405	945	270	405	216	68	203	0.2511
4	锡盟-山东	2×720	30%/216	102	85	2014年9月~2016年6月	230	92	69	46	1377	3213	918	1377	734	230	689	0.8537
5	蒙西-天津南	2×620	49%/304	277	188	2015年1月~2016年11月	508	203	152	102	3046	7106	2030	3046	1624	508	1523	1.8883
6	榆横-潍坊	2×1059.3	53%/566	256	238	2016年6月~2018年3月	643	257	193	129	3856	8996	2570	3856	2056	643	1928	2.3905
7	山东-河北环网	2×825.9	13.3%/110	6	4	2018年5月~2019年12月	11	4	3	2	65	151	43	65	35	11	32	0.0402
8	蒙西-晋中	2×299	70%/209	156	176	2018年11月~2022年11月	475	190	143	95	2851	6653	1901	2851	1521	475	1426	1.7677
9	张北-雄安	2×318	35%/111	123	90	2019年4月~2022年11月	243	97	73	49	1458	3402	972	1458	778	243	729	0.9040
10	合计			1208	1034		2792	1117	838	558								10.3855

2.5 固体废物分类及处置技术及应用

2.5.1 技术实施背景

近年来在我国经济快速发展的大形势下，对电量的需求也在逐年增大，电网工程建设的规模、数量也呈逐年上升趋势。电网工程的大规模建设、运行推动了经济的发展，但同时也引发了一系列的环境问题。相关资料显示，我国电网行业每年产生的废弃物总量高达 30 万 t，并且这些废弃物产生来源、类型不尽相同。这些废弃物如果未经处理或者处置不当就会污染大气、水、土壤，对生态环境造成破坏，所以如何安全合理地对这些废弃物进行处置已成为电网企业面临的重要环境问题。

我国关于废弃物无害化处置与综合利用的研究起步较晚，最早开始于 20 世纪 80 年代，并且最早仅出现在一小部分大城市。与废弃物分类、处置和再生利用相关的法律、规章也都局限于建筑垃圾、生活垃圾、金属、塑料和电子废物等几类。放眼电网企业的环保领域，早期环保工作主要集中于电磁、噪声对环境影响，缺乏废弃物分类处置方面的研究；近年来，电网企业虽开展了一定数量的废弃物分类处置工作，但主要以废旧铅酸蓄电池、废变压油、废六氟化硫气体、废绝缘子等危险废弃物的分类处置为主，缺少对于一般废弃物的分类处理方法，相较于电网工程产生的种类繁多的废弃物，其涵盖范围较窄，适用性不强。

基于新时期国家生态文明建设和环境保护工作的要求，通过实地调研考察电网企业废弃物的产生来源、主要类型，参考当前国内生活垃圾、建筑垃圾较为成熟的分类处理现状，以实例展示电网企业固体废物分类处置技术。以期为当前及未来的电网企业废弃物分类处理处置工作提供一定的经验和借鉴。

2.5.2 技术实施特点

（1）输变电工程固体废物按照来源分为工程建设固体废物和生活垃圾两大类。

（2）输变电工程固体废物主要产生于基础施工阶段、组塔施工阶段和电气安装阶段。根据固体废物特性，将固体废物分为可回收垃圾、不可回收垃圾和有毒有害垃圾。

（3）固体废物分类投放应综合考虑便捷、环保、安全等因素，科学合理地进行固体废物分类投放。

（4）输变电工程垃圾转运应委托具有相关资质的运输单位，保证运输过程的安全性、及时性、环保性和高效性，同时应避免运输过程中的二次污染。

（5）输变电工程垃圾处置应委托具有相关资质的单位，采用先进成熟的处置技术，遵循减量化、无害化、资源化的原则，提高资源化利用率。

（6）输变电工程垃圾处置过程应避免和减少二次污染。对产生的二次污染应执行国家和地方环境保护法规和标准的有关规定。

2.5.3 技术实施原理

依据《城市生活固体废物分类及其评价标准》（CJJ/T 102）、《危险废物鉴别标准　腐蚀性鉴别》（GB 5085.1—2007）、《国家危险废物名录》（2019 修订稿），并结合输变电工程实际垃圾类型，将输变电工程建设垃圾分为可回收垃圾、不可回收垃圾、有毒有害垃圾三类。

2.5.4 技术实施要点

2.5.4.1 工程建设固体废物

1. 固体废物分类

输变电工程固体废物主要产生于基础施工阶段、组塔施工阶段和电气安装阶段。根据固体废物特性，将固体废物分为可回收垃圾、不可回收垃圾和有毒有害垃圾。

基础施工阶段、组塔施工阶段和电气安装阶段产生的可回收垃圾主要有废弃金属（废弃塔材边角料、废弃电缆导线、废电缆盖板、废金属表箱、废钢筋、废钢管、废铁丝、废铁皮、废焊材以及施工机械废弃零件等）、废旧木料（搭建施工脚手架用的竹木、混凝土浇筑后拆除的废弃木制模具、废旧导线盘上拆除的竹木、盛放塔材的木筐和竹制编筐以及施工现场用到的圆木、方木、板材等）、废纸（导线盘上产生高压电缆纸、盛放器材的纸箱以及其他纸质包装材料）、废旧塑料制品（废旧盖土防尘网、废旧遮雨塑料薄膜、废旧防尘地板革、废涂料桶、废旧泡沫板、废电线套管和线槽、废塑料管和其他塑料包装材料等）、废旧织物（盛放塔材零配件的编织袋、塔材运输过程中包装其棱角部位的防碰撞毛毡、废旧防尘土工布和废旧防水油毡布等）、废旧陶瓷（施工现场破损的废弃绝缘子、绝缘子等）和废旧橡胶制品（塔材运输过程中包装其棱角部位的防碰撞轮胎、施工现场车辆产生的废旧轮胎等）。

基础施工阶段、组塔施工阶段和电气安装阶段产生的不可回收垃圾主要有挖方或爆破产生的渣土、弃土；混凝土浇筑过程中产生的废弃混凝土、砂浆，砂、石等；变电站修建过程中产生的废弃砖瓦、混凝土块等。

基础施工阶段、组塔施工阶段和电气安装阶段产生的有毒有害垃圾主要有废矿物油（施工车辆产生的废旧润滑油、柴油、汽油和变压器油等）、废旧铅酸电池、废六氟化硫、废锂电池、废沥青制品（沥青涂料、石油沥青纸胎等）等。

不同施工阶段产生的垃圾分类表见表 2-8。

表 2-8　　　　　　　　　　不同施工阶段产生的垃圾分类表

施工阶段	可回收垃圾	不可回收垃圾	有害垃圾
基础施工阶段	（1）废弃金属：废钢筋、废钢管、废铁丝、废铁皮、废焊材、施工机械废弃零件等。 （2）废旧木料：混凝土浇筑后拆除的木制模具、搭建施工脚手架用的竹木、施工现场用到的圆木、方木和板材等。 （3）废纸：纸箱、纸盒等施工现场用到的纸质包装材料。 （4）废旧塑料制品：废旧盖土防尘网、废旧遮雨塑料薄膜、废涂料桶、废旧泡沫板、废塑料管和其他塑料包装材料等。 （5）废旧织物：废旧防尘土工布和废旧防水油毡布等。 （6）废旧橡胶制品：施工现场车辆产生的报废轮胎等	（1）挖方或爆破产生的渣土、弃土。 （2）混凝土浇筑过程中产生的废弃混凝土、砂浆、砂石等。 （3）施工现场产生的废弃砖瓦等	施工车辆产生的废旧润滑油、汽油、柴油等废矿物油
组塔施工阶段	（1）废弃金属：废弃塔材边角料、废弃电缆导线、废钢筋、废钢管、废铁丝、废焊材以及施工机械废弃零件等。 （2）废旧木料：搭建施工脚手架用的竹木、废旧导线盘上拆除的竹木、盛放塔材的木筐和竹制编筐以及施工现场用到的圆木、方木、板材等。 （3）废纸：导线盘上产生高压电缆纸、盛放器材的纸箱以及其他纸质包装材料。 （4）废旧塑料制品：废旧盖土防尘网、废旧遮雨塑料薄膜等。 （5）废旧织物：盛放塔材零配件的编织袋、塔材运输过程中包装其棱角部位的防碰撞毛毡、废旧防尘土工布和废旧防水油毡布等。 （6）废旧陶瓷制品：废弃或破损的绝缘子、绝缘子等。 （7）废旧橡胶制品：塔材运输过程中包装其棱角部位的防碰撞轮胎、施工现场车辆产生的废旧轮胎等	混凝土、砂浆、砂石等	索道运输现场产生的废旧润滑油；现场施工车辆产生的废旧润滑油、汽油、柴油等

施工阶段	可回收垃圾	不可回收垃圾	有害垃圾
电气安装阶段	（1）废弃金属：废弃电缆导线、废电缆盖板、废金属表箱等。 （2）废旧木料：盛放器材的木筐或竹制编筐。 （3）废纸：导线盘上产生高压电缆纸、盛放器材的纸箱以及其他纸质包装材料。 （4）废旧塑料制品：废旧遮雨塑料薄膜、废旧防尘地板革、废涂料桶、废旧泡沫板、废电线套管和线槽、废塑料管和其他塑料包装材料等。 （5）废旧织物：废旧防尘上工布和废旧防水油毡布等。 （6）废弃陶瓷：废弃或破损的绝缘子、绝缘子等	（1）施工现场产生的废砖瓦。 （2）砂石，混凝土块等	废变压器油、废旧铅酸电池、废六氟化硫、废锂电池、废沥青涂料、废石油沥青纸胎油毡等

2. 固体废物处置

固体废物处置针对不同类型的固体废物有不同的处置方式。

（1）可回收垃圾。废旧电缆盖板、废旧金属表箱、废导线盘、废旧塔材、废绝缘子、绝缘子等电力行业性质明显的可回收垃圾可交由相应生产厂家或生产单位进行回收利用。其他类型的可回收垃圾一般交由再生资源企业进行分拣和资源化利用。

（2）不可回收垃圾。渣土、弃土、淤泥、砂、石、废砖瓦、废混凝土块等不可回收垃圾可通过工程现场筑路施工、桩基填料等方式进行综合利用。

（3）有毒有害垃圾。有毒有害垃圾中列入《国家危险废物名录》的危险废弃物必须运送至生态环境部门授权的具有相应资质的单位进行集中处理；无害化处理后可用于回收的有毒有害垃圾应由具有相应资质的公司进行回收。

1）废矿物油应委托有危险废物综合经营许可证（经营范围HW08：900-220-08）的单位进行环境无害化处置。

2）废铅酸蓄电池应委托持有危险废物综合经营许可证（经营范围HW31:421-001-31或HW49:900-044-49）的铅酸蓄电池生产企业、铅再生企业等相关单位进行环境无害化处置。

3）废矿物油、废铅酸蓄电池等危险废弃物需转移出省、自治区、直辖市行政区域进行处置时，应按照国家《危险废物转移联单管理办法》办理危险废物转移联单，并依法向地方生态环境行政主管部门申报登记。

4）废六氟化硫气体应委托具有相应资质的生产厂家进行专业处理。

5）废锂电池应委托持有相关资质的锂电池生产企业进行环境无害化处置。

6）废沥青制品应委托具有相应资质的公司、企业进行专业处理。

输变电工程垃圾的转运与处置见表2-9。

表2-9 固体废物处置表

分类	分类类别	处置方法
一	可回收垃圾	（1）废旧电缆盖板、废旧金属表箱、废导线盘、废旧塔材、废绝缘子、绝缘子等具有明显电力行业性质的可回收垃圾可交由相应生产厂或生产单位进行回收利用。 （2）其他废弃金属、废弃木料、废纸、废旧塑料制品、废旧织物和废旧橡胶制品等一般可回收垃圾应交由再生资源企业进行分拣和资源化利用
二	不可回收垃圾	通过工程现场筑路施工、桩基填料等方式进行综合利用
三	有毒有害垃圾	（1）有毒有害垃圾中列入《国家危险废物名录》的危险废弃物必须运送至生态环境部门授权的具有相应资质的单位进行集中处理；无害化处理后可用于回收的有毒有害垃圾应由具有相应资质的公司进行回收。 废矿物油应委托有危险废物综合经营许可证（经营范围 HW08：900-220-08）的单位进行环境无害化处置。 （2）废铅酸蓄电池应委托持有危险废物综合经营许可证（经营范围 HW31：421-001-31 或 HW49：900-044-49）的铅酸蓄电池生产企业、铅再生企业等相关单位进行环境无害化处置。 （3）废矿物油、废铅酸蓄电池等危险废弃物需转移出省、自治区、直辖市行政区域进行处置时，应按照国家《危险废物转移联单管理办法》办理危险废物转移联单，并依法向地方生态环境行政主管部门申报登记。 （4）废六氟化硫气体应委托具有相应资质的生产厂家进行专业处理。 （5）废锂电池应委托持有相关资质的锂电池生产企业进行环境无害化处置。 （6）废沥青制品应委托具有相应资质的公司、企业进行专业处理

2.5.4.2 生活垃圾

输变电工程建设过程中所产生的生活垃圾，应执行项目所在地的生活固体废物分类标准。

2.5.5 蒙西 1000kV 变电站废弃物分类及处置应用案例及环保水保效果分析

2.5.5.1 蒙西 1000kV 变电站废弃物分类及处置应用案例

1. 蒙西 1000kV 变电站概况

蒙西至天津南 1000kV 特高压交流输变电工程是继"两交一直"工程后,第 4 条核准开工的国家大气污染防治行动计划重点输电通道。线路全长 2 × 608km,途经内蒙古、山西、河北和天津四省市,每年能为京津冀地区输送 700 多亿 kWh。相当于帮助京津冀地区每年减少煤炭消耗 2016 万 t,减排烟尘 1.6 万 t、二氧化碳 3960 万 t。对于缓解华北东部大气环境污染状况、改善京津冀地区大气质量具有巨大作用。

本次调研的蒙西 1000kV 变电站为该工程起点,站址位于内蒙古自治区鄂尔多斯市准格尔旗魏家峁镇。项目组成员于 2019 年 9 月对该站进行了调研,调研时正处于电气安装阶段。蒙西—晋中 1000kV 特高压交流输电线路工程概况图如图 2-31 所示。

2. 蒙西变电站内废弃物主要类型

经过调查,蒙西变电站内产生废弃物的类型可大致分为废旧金属类、木料类、废旧塑料制品类、废旧织物类、弃土弃渣类、废矿物油、沥青涂料等。

(1)废旧金属。废旧金属主要包括变电站在电气安装阶段产生的废钢缆、废电缆盖板、废金属表箱、废铁丝、废钢管、废铁钉、废金属护栏和其他金属边角料等,属于可回收类废弃物。废旧金属如图 2-32~图 2-41 所示。

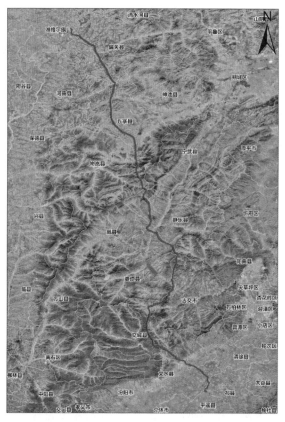

图 2-31 蒙西—晋中 1000kV 特高压交流输电线路工程概况图❶

图 2-32 废钢缆

图 2-33 废铁皮边角料

❶ 本图不作为实际地理位置参照。

图 2-34 废钢筋

图 2-35 废电缆盖板

图 2-36 废铁丝

图 2-37 废金属表箱

图 2-38 废钢管

图 2-39 废铁钉

图 2-40　废金属围栏

图 2-41　废金属片

（2）废旧木料。废旧木料主要包括变电站内电气安装阶段导线盘上产生的废旧竹木、绝缘子安装后剩余的废旧竹篾外包装、盛放器材的废旧木箱以及施工剩余的木条、混凝土浇筑板等，属于可回收类废弃物。废旧木料如图 2-42～图 2-47 所示。

（3）废旧塑料制品。废旧塑料制品主要包括变电站电气安装阶段产生的废旧塑料外包装、泡沫板、塑料容器以及废旧防尘盖土网、塑料遮雨薄膜和塑料水管等，属于可回收类废弃物。废旧塑料制品如图 2-48～图 2-53 所示。

图 2-42　废导线盘

图 2-43　废竹篾

图 2-44　废木箱

图 2-45　废木条

图 2-46　废混凝土浇筑板

图 2-47　废木料

图 2-48　废塑料管

图 2-49　废泡沫板

图2-50　废盖土防尘网

图2-51　废盖土防尘网

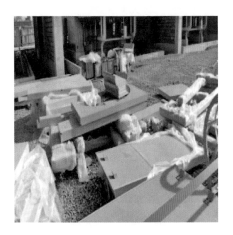

图2-52　废旧塑料包装材料

图2-53　废塑料容器

（4）废旧织物。废旧织物主要包括变电站在电气安装阶段产生的盛放器材的废旧编织袋、废旧防尘土工布等，属于可回收废弃物。废旧织物如图 2-54和图 2-55 所示。

（5）弃土弃渣。弃土弃渣主要包括变电站在土建施工阶段产生的渣土、弃土；混凝土浇筑过程中产生的废弃混凝土、砂浆、砂、石等；变电站围墙修建过程中产生的废弃砖瓦、混凝土块等，属于不可回收类废弃物。弃土弃渣如图 2-56～图 2-59 所示。

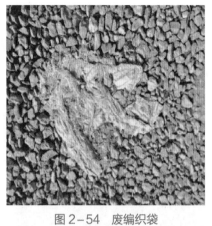

图 2-54　废编织袋

图 2-55　废土工布

图 2-56　废砖瓦

图 2-57　废砂石

图 2-58　废混凝土块

图 2-59　废砌块

（6）废矿物油。废矿物油主要包括取油样和冲洗油管时产生的、残留在设备本体内的废变压器油和现场施工车辆产生的废旧润滑油、柴油、汽油等，属于有毒有害类废弃物。废矿物油如图 2-60 和图 2-61 所示。

图 2-60　废变压器油

图 2-61　废润滑油

（7）废沥青制品。废沥青制品主要包括工程现场用到的防水沥青涂料、石油沥青纸胎以及盛放沥青制品的容器等，属于有毒有害类废弃物。含沥青涂料如图 2-62 所示。

图 2-62　含沥青涂料

3. 蒙西变电站废弃物类型分类

根据以上图片反映的调研结果，按照其材质及是否宜于回收，现将蒙西变电站电气安装阶段产生的废弃物归为可回收类、不可回收类、有毒有害类三大类。

（1）可回收类。

1）废旧金属：主要包括废钢缆、废电缆盖板、废金属表箱、废铁丝、废钢管、废铁钉、废金属护栏和其他金属边角料等。

2）废旧木料：主要包括变电站内电气安装阶段导线盘上产生的废旧竹木、绝缘子安装后剩余的废旧竹篾外包装、盛放器材的废旧木箱以及施工剩余的木条、混凝土浇筑板等。

3）废旧塑料制品：主要包括变电站电气安装阶段产生的废旧塑料外包装、泡沫板、塑料容器以及废旧防尘盖土网、塑料遮雨薄膜和塑料水管等。

4）废旧织物：主要包括变电站在电气安装阶段产生的盛放器材的废旧编织袋、废旧防尘土工布等。

（2）不可回收类。不可回收类主要包括变电站在土建施工阶段产生的渣土、弃土；混凝土浇筑过程中产生的废弃混凝土、砂浆、砂、石等；变电站围墙修建过程中产生的废弃砖瓦、混凝土块等。

（3）有毒有害类。蒙西变电站内的有毒有害类废弃物主要指在电气安装阶段产生的废矿物油（废变压器油和施工车辆产生的废旧润滑油、柴油、汽油等）、废沥青制品（沥青防水涂料、石油沥青纸胎等）等。

4. 蒙西站内固体废物处置情况

（1）废旧金属。废弃塔材边角料、废弃电缆导线、废弃导线盘、废铁丝、废铁皮、废焊材以及施工机械废弃零件等由施工方作为废旧物资进行回收处理。

（2）废旧木料。竹木、混凝土浇筑后拆除的废弃木制模具、废旧导线盘上拆除的竹木、盛放塔材的木筐和竹制编筐等由施工方回收；施工现场产生的圆木、方木、板材等废弃木料由施工方收集后统一送至当地垃圾处理站。

（3）废纸。导线盘上产生高压电缆纸、盛放器材的纸箱以及其他纸质包装材料由施工方统一收集后作为废旧物资进行回收处理。

（4）废旧塑料制品。废旧盖土防尘网、废旧塑料包装材料等由施工方收集后统一运送至当地垃圾处理站。

（5）废旧织物。盛放塔材零配件的编织袋、塔材运输过程中包装其棱角部位的防碰撞毛毡、废旧防尘土工布和废旧防水油毡布等均由施工方收集后统一运送至当地垃圾处理站处理。

（6）废旧橡胶制品。塔材运输过程中包装其棱角部位的防碰撞轮胎、施工现场车辆产生的废旧轮胎等可以在场地循环利用，废弃之后由施工方统一收集回收处理。

（7）弃土弃渣。挖方或爆破产生的渣土、弃土以及混凝土浇筑过程中产生的废弃混凝土、砂浆、砂、石等在施工结束后在当地统一回填处理。

2.5.5.2 环保水保效果分析

在国家环保监管形势日益严格、电网工程建设大规模开展的背景下，电网企业急需加强在废弃物的处理处置方面的研究，建立完善的固体废物分类处理方法、流程，降低电网废弃物对环境的影响。目前该固体废物分类方法应用在蒙西变电站进行应用，取得了良好的效果。

（1）固体废物分类有利于节约资源并提高资源利用率。垃圾并不全是废物，其中有很多是可以被人类拿来再次使用的资源，将它们直接丢弃并非明智的选择；在源头按照科学的分类方法对垃圾进行分类回收有利于让不同种类和用途的垃圾"各得其所"。

（2）固体废物分类有利于保护生态环境。垃圾是造成环境污染的一个重要因素，从现实经验可知垃圾成分复杂，对它进行简易堆放或填埋极有可能诱发空气、水土污染等环境事件，进而给经济社会发展、人民身体健康带来伤害，对垃圾进行科学分类和回收则会在最大程度上减轻污染、保护环境。

（3）固体废物分类有利于帮助公众树立科学的生态文明理念，提高社会文明程度。固体废物分类是一种生态行为，倡导公众固体废物分类有益于公众形成节约资源的意识。实质上，通过固体废物分类的过程，人们会潜移默化地和自然实现更加良好地互动，从而促进人与自然的和谐共生，进而提升整个社会的文明程度。可见，固体废物分类并非家庭小事，它关乎民生、关乎生态文明建设的大局，是生态文明建设的重要推动力。政府、企业、社会应通力合作将固体废物分类进行到底，久久为功。

2.6 植生袋快速固土植被恢复技术及应用

2.6.1 技术实施背景

受施工理念、技术、习惯等方面影响，特高压山丘区线路工程水土保持工作仍难以令人满意，水土流失发生率较高。弃渣溜坡和植被恢复难等"顽疾"，导致工程水土保持工作实现"三同时"目标难度骤增。为了整改此类问题，相关参建单位需要多次返场作业进行处理溜坡、播撒草籽、补栽树苗等工作。由于往返路程远、山区交通不便等原因，参建单位耗费了大量人财物资源。为了解决山区水土保持工作难题，实现"三同时"目标，研究一种高效使用的水土流失治理措施就是必不可少的一项工作。

通过开展调查和研究工作，采用植生袋建设生态挡墙及护坡护面的措施可以实现在施工过程中对余土产生有效拦挡、施工完毕余土尽快稳固及时恢复植被，降低塔基水土流失发生率，避免弃渣溜坡等环境破坏问题发生，对塔基稳

定、植被恢复具有重要意义，对打造特高压环保水保施工典范工程具有重要促
进作用。

2.6.2　技术实施特点

（1）就地利用熟土，混合植物种子、肥料等制作植生袋。

（2）余土就地利用、堆放，减少二次倒运。

（3）采用植生袋作挡墙，缩短施工周期。

（4）减少机械整地施工扰动。

（5）利用植生袋对山区塔基地质进行保护，同时提高植被恢复率。

2.6.3　技术实施原理

山丘区线路工程水土保持措施要求应严格按照策划的平面布置施工，采取
限界措施，避免扰动面积增大。表土应剥尽剥，做好堆存措施，用于后期植被
恢复。做好余土处置和拦挡措施，杜绝"顺坡溜渣"问题。采取条播、穴播等
合适的整地及植被恢复技术，保证植被成活率。工程完工阶段应采取植被快速
修复技术对需要植被建设的场地进行整治，减少修复时间。

采用植生袋建设生态挡墙及护坡护面，可同时实现上述水土保持目标。
一般采取"品"字形紧密排列的堆砌护坡方式，铺设厚度一般按 0.4～0.6m，
坡度不应陡于 1:1.2～1:1.5，高度宜控制在 1.2m 以下。植生袋填土交错垒叠，
袋内填充物不宜过满，一般装至植生袋容量的 70%～80% 为宜。对于水蚀严重
的区域，在"品"字形编织袋（植生袋）挡墙的外侧需布设临时排水设施。
这种措施可以实现在施工过程中对余土产生有效拦挡、施工完毕余土尽快稳

固及时恢复植被，降低塔基水土流失发生率，避免弃渣溜坡等环境破坏问题发生。

2.6.4 技术实施要点

2.6.4.1 制作植生袋

待使用的植生袋结构为：袋体最外层、最内层为尼龙纤维网，次外层为加厚无纺布，中层为植物种子、复合肥、生物菌肥等，次内层为短期内可降解的无纺棉纤维布。袋体具有一定的强度，耐腐蚀性强，抗紫外线，短期内不降解。袋体上大小合适的网孔确保其具有透水不漏土的功能，防止袋内土壤和营养成分流失，又能确保植物生长所需的水分得到有效保持。袋内种子在温度、水分等条件适宜时发芽，并穿透袋子生长。植生袋做挡墙时，植物根系进入袋体周围土壤中，如同无数根小锚杆促进袋体与基础（边坡）间的稳固作用，时间越长，越趋稳定，大幅降低拦挡工程维护费用。根据植生袋性能要求，结合山区搬运及施工条件，经过多次比较分析，最终确定该工程采用的植生袋售价为2.2 元/只，规格为长 0.8m、宽 0.6m、高 0.4m。待砌筑的植生袋如图 2-63 所示。

图 2-63 待砌筑的植生袋

2.6.4.2 余土就地利用

在塔基附近砌筑挡墙，设置弃土场；余土堆放在挡墙内，并进行土地平整，播撒草籽。余土就地利用如图 2-64 所示。

图 2-64　余土就地利用

2.6.4.3 采用植生袋作挡墙

考虑到作业人员经验不足等因素，对 15°以上的边坡仍采取常规防护措施，仅在 15°以下的边坡应用植生袋挡墙。经力学分析，本次选用植生袋挡墙断面尺寸为高 1.2m，顶宽 0.6m，底宽 1.2m，堆土各向边坡比控制在 1:1～1:1.5，如图 2-65 所示。植生袋挡墙施工要注意以下事项：避免袋内装入石块、沙石等不合格材料；对植生袋袋口进行可靠封口；将植生袋拍打成型，控制填充物压实度不低于 70%，且填充物相对密度为 $1.1～1.4g/cm^3$；植生袋水平分层、错位码放。相比于浆砌石挡墙，20m 长度的工程量施工周期由 10 天缩短到 5 天。

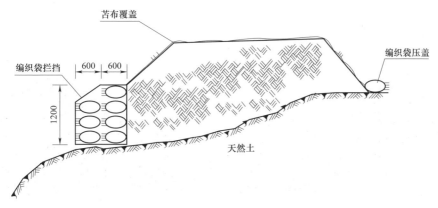

图 2-65　植生袋挡墙布置图

2.6.4.4　减少机械整地施工扰动

在现场人工装填制作植生袋用于水土保持；保护原有植被，能不砍伐的植被予以保留。现场人工装填制作植生袋如图 2-66 所示，保护塔基范围内原有树木如图 2-67 所示。

图 2-66　现场人工装填制作植生袋

图 2-67　保护塔基范围内原有树木

2.6.4.5　利用植生袋对山区塔基地质进行保护，同时提高植被恢复率

大量利用植生袋制作护坡、护面，对山区脆弱土质起到保护作用。塔基植生袋护坡如图 2-68 所示。

图 2-68 塔基植生袋护坡

2.6.5 技术应用实例及效果分析

植生袋快速固土植被恢复技术已在张北—雄安工程等多项特高压交直流工程现场应用，取得了显著的环保效果。

张北—雄安特高压工程沿线地形地貌条件复杂，尤其是在山地丘陵区存在余土堆放困难，表土存量少且贫瘠，个别塔位仅存有风化后的碎石颗粒，常规植被恢复作业效果难以满足水土保持和生态恢复要求，且工程所在地秋冬季气温较低，植被黄金生长期较短。根据项目区环境特点及挑战，考虑到植生袋施工便捷、可利用本体土方、植被恢复效果好等优点，组织设计、施工等单位开展山区特高压线路工程植生袋挡护专项应用研究，并根据研究成果在山地丘陵区塔基边坡采取植生袋绿化培育和植生袋边坡绿化。综合计算采取植生袋修筑挡墙、护坡、护面后经济效益为：每基铁塔基础因未发生水土流失带来经济效益 29000 元。按照 100 基山丘区塔基计算，带来经济效益为 290 万元。该技术将山丘区塔基水土流失发生率降低到 5%以下，具有推广应用价值。

2.7 干旱区塔基小型边坡植被快速修复技术及应用

2.7.1 技术实施背景

为满足持续增长的电力需求，干旱区内电网建设日趋频密，在特高压程建设过程中带来的地表扰动、植被破坏较大，对于干旱区山丘区的小型边坡植被修复较为困难。干旱区具有降水量少而蒸发量大的特点，根据年降水量与年潜在蒸发量的比值 A，$A<0.05$ 为极端干旱区，$0.05 \leq A<0.2$ 为干旱区，可将干旱区划分为森林草原区、温性草原区、荒漠草原和半荒漠植被区等类型。目前干旱区的植被修复措施多采用简单的人工撒播草籽方式，在适生草种筛选不充分、抚育缺失、水土气生条件不满足时往往出现恢复极为缓慢、成活率低、覆盖度低的问题，导致坡面细沟发育充分，水土流失加剧，难以满足水土流失防治目标，在国家的强监管态势下，植被恢复不到位已成为环保水保验收的主要制约因素。

鉴于此，提出适用于干旱区的塔基小型边坡植被快速修复技术，并选取典型工程开展技术应用，为提升干旱区输变电工程植被恢复效率、降低生态环境恢复成本、助力电网绿色高质量可持续发展提供技术支撑。

示范工程一个位于内蒙古自治区中部准格尔旗汇能—长滩 1000kV 输变电工程，属于森林草原过渡带的基岩台地，春季风多少雨，年降水量约 380mm，区内干燥度介于 0.8～2.5，植被恢复难度大；另一个位于张北—雄安 1000kV 特高压工程，属于北方温带土石山区，年降水量 550mm，春秋干旱多风，扰动区缺土少土，尤其溜渣坡面植被恢复难度大。

2.7.2　技术实施特点

（1）草种混播配方及植生基质的配置较为实用，在北方具有较好的适应性，适用范围较广。

（2）施工操作以撒播、穴播为主，条播为辅，简单整地后，将草种配方及基质配方拌混后即可直接撒施，干旱季节需进行覆盖，施工较为方便、速度较快，能满足植被快速恢复及持久性恢复的工程需求。

（3）通过辅助的覆盖措施，水土保持效果较好，减少了坡面径流冲蚀，并较好地促进了边坡植被生长。

开沟＋整地＋撒施＋覆盖＋浇水示意图如图2－69所示。

图2－69　开沟＋整地＋撒施＋覆盖＋浇水示意图

2.7.3　技术实施原理

根据植物种的多样性理论，植物种的多样性使生态系统更趋向稳定，另外，植物种的多样性也促使处于平衡的群落容量增加而导致生态系统的稳定。基于此，护坡植物种采用多种种子混播更易于形成稳定的植物群落。进一步地，根据生态位原理，退化生态系统的恢复与重建须考虑各植物种在水平空间、垂直空间和地下根系的生态位分化。因此，混播的不同植物种必须考虑植物种间的生态生活型的搭配是否合理。生态型、生活型要互相搭配，如浅根与深根、根茎型与丛生型、多年生与一年生的搭配，冷、暖季型搭配，以减少生存竞争。对于自然形成的植物群落，每平方米范围内包含的植物种一般都超过十余种。对于混播牧草的研究成果也表明，一般混播 4～8 种植物种就可满足建立坡面植物群落的要求，并根据主要建群种、先锋种进行搭配。此外，植物群落设计需要考虑多方面因素，即能在当地良好地生长，有一定的耐贫瘠性和抗旱性；生长迅速，易形成覆盖层，且根系较为发达；各物种比例适宜，形成的群落比较稳定，养护工作量小；豆科种子占比 20%～30%；种子容易获取；考虑种子预处理相对简单；考虑种子千粒重差异性，采取大小粒径分开进行播种。

实际应用中，植物设计充分考虑施工气候及土壤条件，植被演替理论及已有的研究成果，采用适合依靠种子繁殖的植物，主要体现在建群种与先锋草种的选择、群落演替层片结构设计、水分生态型及冷暖季型草种配比以及相应的土壤改良等几个方面。

播种量方面，植物从种子发芽时起，直至充分生长所需的时间，伴随着植物相互间的竞争，个体数目将显著减少，护坡植物种的播种量必须对每种种子不同的千粒重、纯净度、田间发芽率等了解之后，并结合植被护坡施工的特点才能确定。种子的千粒重 F（g），指在国家标准中规定水分含量下的 1000 粒种子的质量，它是计算草种单位面积播种量的依据之一。种子的纯净度包括纯度与净度。纯度指种子的真实性，即是否都是所需品种的种子；净度指种子中除去混杂物后品种种子所占的比例。发芽率指发芽终期在规定日期内的全部正常发芽种子粒数与供检种子粒数的百分率。田间发芽率是相对实验室测得的发芽率进行田间测试测得，由于干旱区种子萌发的水土气条件较差，往往降低到实验室测得的发芽率的 2%～10%，因此配置播种密度时，需要进行折算考虑。

播种量设计的合理与否主要依赖于期望形成的株数的选择。输变电工程扰动区植物恢复属于粗放管理，基本依靠自身及环境来达到所需水分和养分的平衡，若植物密度过大，植物易水分或养分匮乏而完全退化。因此，护坡植物种的密度必须遵循种群密度制约原理，不能太高也不能太低。根据经验，一般草种的单株营养面积为 4~10cm²，因此较为合理的期望形成株数一般为 1000~2000 株/m²，灌木不超过 100 株/m²。对于干旱区，按照降水量折算，控制合理的株数密度：草本 100~300 株/m²，灌木 10~20 株/m²，再根据采用配比、种子净度（>60%）及田间发芽率（2%~20%），适当考虑立地条件及施工期条件，得出相应的混播配比及密度方案。

2.7.3.1 混播配方配置原理

包含优势种选择、植物生态型设计、物种萌发时间设计、群落层片设计，最终形成人工植物群落混播配方。

选择适宜且易于获得的耐旱先锋种、建群种，冷季型草种占比为 70%~90% 为宜，分别按照各物种在主要雨水季节的萌发时间、萌发的先后顺序、生长速度进行草种配置，群落层片设计上控制好先锋种的相对密度，防止相对密度过大影响建群种生长。在以上设计原则基础上，设置禾本科:豆科:菊科:其他 =（2~4）:（2~3）:（1~3）:（2~4）的数量比，其中豆科绿肥类植物不低于 30%，含一定比例的灌木利于边坡后期固坡，萌发草本大于 100 株/m²，灌木大于 10 株/m²。

2.7.3.2 干旱区植被生境改善技术

主要从扰动土壤肥力快速提升和雨水高效利用两方面进行。

（1）以内蒙古中西部为代表的北方干旱区土壤缺水缺氮，塔基边坡扰动区土壤含量，速效磷 9~10mg/kg，速效氮 8~9mg/kg，有机质含量 0.8~1.5g/kg，根据《无公害农产品生产技术规程》（DB62/T 799—2002）规定，重点考虑高羊茅、柠条、草木樨等优势种对土壤有基质、氮磷钾素等土壤肥力指标的需求——即改良后的穴播或条播种植区土壤速效氮经检测不低于 15mg/kg、速效磷经检测不低于 12mg/kg，实现扰动土壤肥力快速提升。

（2）从雨水高效利用着手，由于内蒙古中西部地区为温带大陆性季风气候，降水量低、蒸发量大，雨水难以保蓄，尤其干旱边坡，在夏秋季含水量仅 5%～9%，需将播种层（5～10cm 深度）含水量提高到 10% 以上，一方面结合穴播、条播以盖种肥的方式施用保水剂、黏合剂、有机肥等，保蓄土壤水分；另一方面结合覆盖保墒技术，在土壤表面通过覆盖无纺布、秸秆、椰丝毯等不同材料，以减少土壤水分蒸发量，减少地表径流量的产生，起到蓄水保墒的作用。

2.7.4 技术实施要点

2.7.4.1 抗旱植物筛选

根据干旱区区域气候和植被分布特征，同时针对边坡立地条件的植被调查结果，筛选出若干种对干旱区生境具有高压电抗器适生特性的植物，作为草种配方的备选种。

经初步测定，符合干旱区低养护应用要求且发芽率较高的优势植物主要包括：禾本科（糜、高羊茅、冰草、披碱草）；豆科（沙打旺、苦豆子、草木樨、达乌里胡枝子、小叶锦鸡儿、柠条）；菊科（沙蒿）；藜科（沙蓬、碱蓬）；十字花科（绿肥油菜、独行菜）等。其中，高羊茅、披碱草、沙打旺、柠条、沙蒿等护坡效果较好，优选生长较快、根面积比较大的须根型草本植物品种，因须根根系集中分布在 30cm 深度的土层内，对于干旱区坡度较大的边坡，还需设计适宜比例的深根型灌木用于边坡复绿，保证根系分布深度与边坡土层厚度应相匹配，促进边坡稳定。主要优势草种如图 2-70 所示。

高羊茅	冰草	披碱草	狗尾草
草木樨	沙打旺	柠条	达乌里胡枝子
沙蓬	沙蒿	绿肥油菜	独行菜

图 2-70 主要优势草种

2.7.4.2 混播配方

植物配比设计充分考虑施工气候及坡面条件，均采用适合种子繁殖的植物，要求净度（＞60%）及发芽率（＞40%）。混播时间由土壤温度决定，以土壤温度 20～25℃最佳，一般情况下在气温 25～30℃范围即可。

预期发芽为：草本大于 100 株/m²，灌木大于 10 株/m²，各植物种其混合配比见表 2-10～表 2-12。

根据地区差异，播种推荐以下 3 个混播配方。

配方 A：种子数量比，禾本科:豆科:其他 = 4:3:2，物种数量 5 种，灌木质量占比 32%，适用于常见的干旱草原区。

配方 B：种子数量比，禾本科:豆科:其他 = 3:5:1，物种数量 5 种，灌木质量占比 39%，适用于鄂尔多斯等森林草原过渡区。

配方 C：种子数量比，禾本科:豆科:其他 = 4:0.35:5，物种数量 5 种，灌木质量占比 49%，适用于风沙较大的荒漠草原区。

表 2-10　　　　　　　　　混播配方 A 配比

序号	种类	名称	千粒重（g）	用量（g/m²）
1	禾本科	高羊茅	2	6
2		披碱草/冰草	3.5	3.5
3	豆科	草木樨	2	5.6
4		柠条	36	7.2
5	其他	沙蒿	0.2	0.4
		小计		22.7

表 2-11　　　　　　　　　混播配方 B 配比

序号	种类	名称	千粒重（g）	用量（g/m²）
1	禾本科	狗尾草	1	3
2	豆科	草木樨	2	6
3		沙打旺/达乌里胡枝子	1.6	2.8
4		柠条	36	9
5	其他	油菜/独行菜	2	2
		小计		22.8

表 2-12　　　　　　　　　混播配方 C 配比

序号	种类	名称	千粒重（g）	用量（g/m²）
1	禾本科	高羊茅	2	8
2	豆科	柠条	36	12.6
3	其他	沙蒿	0.2	0.4
4		沙蓬	1.3	2.6
5		独行菜	2	2
		小计		25.6

2.7.4.3　植生基质配置

针对土壤缺磷少氮且有机质含量偏低状况，主要采用一定量的有机肥、酸性复合肥，掺入不同含量及梯度的土壤黏合凝胶、保水剂等，增加适当的碳源有机肥作为盖种肥，可起到一定的保蓄水作用并降低 pH 值。

配置植生基质要点：碳源有机肥（含氮磷钾 5%、有基质 45%）使用量大于 100g/m²、黏合剂用量大于 10g/m²、复合肥用量大于 5g/m²，保水剂用量大于 5g/m²，促进水分蓄积、增加土壤持水量。干旱区小型边坡植生基质配置推荐梯度见表 2－13。

表 2－13　　　　　　　　干旱区小型边坡植生基质配置推荐梯度

项目	配方 1	配方 2	配方 3	配方 4	配方 5
有机肥	100g/m²	150g/m²	100g/m²	150g/m²	100g/m²
复合肥	15g/m²	15g/m²	15g/m²	15g/m²	15g/m²
保水剂	10g/m²	5g/m²	5g/m²	5g/m²	10g/m²
黏合剂	0g/m²	0g/m²	10g/m²	15g/m²	10g/m²

配方 1、2、3 适宜干旱草原区、鄂尔多斯等森林草原过渡区，配方 4、5 适宜风沙较大的荒漠草原区，对于土质较好的边坡，可减少一半用量。

2.7.4.4　植被快速恢复配套综合施工技术

基于以上草种配置模式、植生基质调配技术，根据不同坡长、坡度的塔基小型坡面立地条件，提出相配套的施工技术。根据干旱区内工程沿线气候（主要是降雨量）和塔基及小型边坡立地条件，土质较多时均可采用撒播，平缓坡地可采用穴播/条播，并在干旱季节配套无纺布、椰丝毯等覆盖材料，提高水分利用效能性、降低地表沙土可蚀性。

当边坡高度小于 1m 时，可通过削坡整地后撒播、穴播的方式进行植被恢复。

当边坡高度在 2～3m 范围内时，沿等高线开沟条播或穴播，沟穴距 30～

50cm，采用混播配方及植生基质，结合无纺布覆盖，进行坡面植被快速恢复，土质较好时可直接撒播。

当边坡高度大于 3m，坡度大于 35°，根据坡度及土质，采用撒播为主，结合无纺布、椰丝毯、水凝胶喷施覆盖等辅助护坡工程措施。

1. 撒播/穴播/条播 + 无纺布覆盖施工技术

撒播适合土质较多的坡面，条播适用于坡度小于 25°的土质坡面，穴播适于小于 3m 的坡面或土质状况不佳的稳定坡面。

（1）整地：

耙地：对土质较多的坡面采用多齿的铁耙对坡面进行耙动翻松，耙深 1～3cm。缺土少土的边坡需进行少量客土回填，回填厚度大于 0.5cm。

挖穴：采用锄头挖穴，间距为 30～40cm，穴长宽为 10～15cm，深度为 5cm。

开沟：采用锄头或手工犁开沟，种植行距为 30～50cm，沟宽为 10～20cm，沟深为 8～12cm。

（2）拌混：

拌混植生基质：按照 100m² 用量，采用 1 份有机肥（10～15kg）与 5 份原土（现场取土）混合拌匀后再拌混其他基质配方，备用。

拌混混播配方：采用电子秤称量 100m² 所需的各类种子质量，装于盆、桶等容器中，用小铁锹拌匀后备用。

（3）撒播/穴播/条播：将植生基质拌混相应量的种子配方后沿着条播沟或种植穴撒施或直接进行撒施。重量轻的沙蒿、独行菜等草种可分开单独撒播，播种时间 4～8 月为宜。

（4）施盖种肥：对于荒漠草原等干旱区，可将 1/3 的拌混后的基质作为盖种肥，在播种完后进行施撒覆盖，厚度约 0.5cm，然后轻度踩压，使种子接触到土壤。

（5）浇水：采用抽水机或皮卡汽车和 300～500L 水箱配合浇水软管浇水，集中浇到播种沟或种植穴内，浸透深度需达到 15cm，浇水量 1～2L/m²。

（6）覆盖：播种季节较为干旱时，应采用无纺布覆盖，保温保湿。采用无纺布密度大于 15g/m²、宽 2～3.2m 为宜，顺坡面纵向铺设，并适当采用土石块压实，无纺布之间叠压 10～20cm。

有条件的可以在此基础上进行水凝胶喷施覆盖。要求水凝胶为糊状淀粉、甲基纤维素钠或类似产品，水凝胶配置浓度梯度为 5～15g/L，施用量为 5～15g/m，现配现用，喷施在种植沟/穴里面，再覆盖无纺布。

条播 + 无纺布覆盖示意图如图 2-71 所示。

图 2-71　条播 + 无纺布覆盖示意图

2. 撒播 + 薄层椰丝毯覆盖施工技术

撒播要求边坡土质较好或进行一定的客土回填；采用的薄层椰丝毯厚度为 3～5mm，能在固土护坡的同时具有防风、保墒、保温等作用，利于种子发芽，3～5 年后最终分解为有机质，该技术适用于森林草原过渡区、华北土石山区缺土少土、坡度较大或存在流渣的较长扰动坡面。

（1）坡面整地。清除坡面碎石、石块、树枝等杂物，铲除凸起部分，填起凹洼部分，对硬实的坡面，采用多齿的铁耙对坡面进行耙动翻松，耙深 1～3cm。缺土少土的溜渣边坡需进行少量客土回填，回填厚度大于 0.5cm。

（2）撒施混播配方及基质配方。将草种混播配方与基质配方按单位面积用量拌混后，再拌混 5～10 倍质量的原土（现场取土），在整地后的坡面上进行撒播，均匀撒入坡面中，再用耙子适当耙匀，并用竹笆适当拍压。

（3）浇水养护。由于坡面较陡、土体含水量低，直接容易产生水土流失，因此铺设椰丝毯后再浇水。采用皮卡汽车和 300～500L 水箱配合浇水软管浇水，浇水量 2～3L/m²。对于干旱区旱季播种，通常需浇水养护 1～2 次。

（4）铺设薄层椰丝毯。椰丝毯起到覆盖保护坡面的作用，通常 3～5 年后可逐渐降解为腐质。椰丝毯采用厚度为 3～5mm，2m 宽为宜，便于铺设。

先在坡顶部开沟，沟宽 30cm、深 50cm 左右，埋设椰丝毯端头，铺设时从坡顶填埋层开始由上往下顺平摊开，坡面顶端之处用石料或 U 形钉固定于填埋层内，头尾搭接处缝合或者重叠 8～10cm 用铆钉固定，搭接时新铺设层要放在下面，而铆钉要使用直径 4mm 以上的 U 形冷拔丝（铆钉长 20cm 以上、宽 6cm 以上、弯钩约为 2cm）；接头处接上为准，不重叠、不露地面。为防止被风掀起，在接头上覆土，并每隔 2m 用一次性筷子固定。不可施加外力强拉椰丝毯。

撒播 + 薄层椰丝毯覆盖示意图如图 2-72 所示。

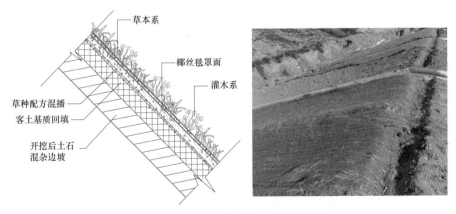

图 2-72　撒播 + 薄层椰丝毯覆盖示意图

此外，在干旱季节，可在毯外覆盖适当沙土或无纺布，保墒效果更佳。

3. 养护浇水用量

不同季节播种，养护浇水次数不同，根据实际降雨情况而定。

（1）春季（3月下旬～5月中旬）。穴播区每次用水量为 150～200L/100m²；撒播、条播区每次用水量为 300～400L/100m²；播种后约需浇水养护 1 次，解冻后墒情条件好可不浇水。

（2）夏季（5月下旬～8月初）。穴播区每次用水量为 100～150L/100m²；撒播、条播区每次用水量为 200～300L/100m²；播种后需浇水养护 1～2 次，播种后 1 周内雨水条件好可不浇水。第一次浇水发芽后持续干旱 5～7 天浇水一次，若再持续干旱 7～10 天再浇水一次。

（3）秋季（8月中旬～9月中下旬）。秋季雨水条件好，可不浇水。荒漠草原区植被恢复通常需浇水一次。

2.7.5　应用案例及环保水保分析

2.7.5.1　汇能－长滩1000kV试点工程

汇能－长滩1000kV线路工程所在的准格尔旗，施工扰动导致表土层破坏，沙化黄土裸露，该土质渗水性过大，大多数种子难以有效吸水萌发，因此适宜的草种配方和土壤基质的处理以及辅助的工程措施成为水土保持的关键因素。试点塔基位于准格尔旗附近，属于森林草原过渡区，海拔小于 1000m，塔基附近的小于 15°坡地。

1. 边坡施工工艺

主要施工工艺如下：

（1）针对沙化较为严重的小型边坡，采用撒播 + 水凝胶喷施覆盖施工技术。

（2）针对坡度小于 25°的小型边坡，采用条播 + 水凝胶喷施覆盖施工技术。

适当整地后，将森林草原过渡区混播配方、植生基质与原状土按 1:30 的配置比例进行人工撒施，适当拌匀后采用 1%水凝胶（丙烯酸共聚物）进行喷洒覆盖。试点于 2021 年 6 月 11 日进行施工。撒播/条播 + 水凝胶覆盖施工实景图如图 2-73 所示。汇能—长滩工程试点植被恢复效果如图 2-74 所示。

图 2-73　撒播/条播 + 水凝胶覆盖施工实景图

图2-74 汇能—长滩工程试点植被恢复效果

2. 复绿效果

撒播/条播 + 水凝胶覆盖施工，发芽生长的主要植物品种有：糜子、草木樨、

紫花苜蓿、沙打旺、柠条、绿肥油菜等，每平方米芽量达到 100～150 株，达到
了预期的发芽率。由于当年夏季雨水较好，先锋种糜子、绿肥油菜、草木樨等
生长势较好，2 个月内达到 60%～80% 覆盖度。

总体来看，对于鄂尔多斯等森林草原过渡区，采用撒播/条播 + 水凝胶覆盖
施工，在满足一次有效降水的情况下，发芽效果较为理想。对于坡度较大的边
坡及沙化黄土土质，采用无纺布覆盖效果更佳，可防止暴雨导致的坡面冲刷将
种子深埋而降低发芽率。

2.7.5.2 张北—雄安 1000kV 试点工程

张北—雄安特高压电网工程所在的山地丘陵区属于华北土石山区，施工扰动
后缺土少土，土石混杂，由于边坡立地条件难以进行喷播的限制，适宜的植物配
方和土壤基质的处理以及适宜的工程措施成为水土保持的关键因素。试点塔
基位于雄安新区变电站附近易县丘陵区，海拔小于 500m，塔基附近的小于 40°
坡面及平地。

1. 边坡施工工艺

主要的边坡施工工艺如下：

（1）针对小于 3m 的小型边坡，采用条播 + 无纺布施工技术。

（2）针对大于 3m 的溜渣边坡，采用撒播 + 椰丝毯/无纺布覆盖等边坡施工
技术。撒播 + 无纺布/薄层椰丝毯/加筋椰丝毯施工实景图如图 2-75 所示。

图 2-75　撒播 + 无纺布/薄层椰丝毯/加筋椰丝毯施工实景图

　　将混播配方 A 和植生基质 1 按比例进行人工撒施，铺设椰丝毯、无纺布覆盖完成后，采用皮卡拉水箱用引水软管浇水一次。试点于 2021 年 3 月 30 日施工。条播 + 无纺布覆盖施工实景图如图 2-76 所示，植被恢复萌发阶段实景图如图 2-77 所示，植被恢复实景图如图 2-78 所示。

图 2-76　条播 + 无纺布覆盖施工实景图

图 2-77　植被恢复萌发阶段实景图

加筋生态毯　　　　　　　　　　　　　椰丝毯+无纺布

椰丝毯　　　　　　　　　　　　　条播+无纺布

图 2-78　植被恢复实景图

2. 复绿效果

撒播 + 薄层椰丝毯/加筋生态毯发芽生长的主要植物品种有：高羊茅、狗尾草、草木樨、沙打旺、胡枝子、绿肥油菜等，每平方米芽量达到 100～200 株，达到了预期的发芽率。后期生长效果较好，覆盖度较高，尤其先锋物种绿肥油菜、草木樨、高羊茅等生长势较好，在 3～5 月只有一次中度降水的情况下，2 个月内达到 35%～45% 覆盖度。张北—雄安工程试点春旱季植被恢复效果如图 2-79 所示。

条播结合无纺布覆盖工艺，发芽效果较为理想，在春旱季条播后一次浇水不用再浇水养护，且无纺布施工轻便，对水分要求较低，有利于提高运水养护的效率。覆盖材料选择方面，薄层椰丝毯 + 无纺布比单用椰丝毯保水及发芽效果好，但从后期生物量统计上看，无显著差异。加筋生态毯由于厚度太厚，不便于铺设，且发芽后无法钻破毯面，必须及时撤除，不建议采用。

椰丝毯+无纺布覆盖   椰丝毯覆盖   无纺布覆盖

图2-79 张北—雄安工程试点春旱季植被恢复效果

2.7.6 技术应用效果分析

干旱区植被快速恢复技术，于2021年在准格尔旗汇能长滩500kV输变电工程、张北-雄安1000kV特高压工程推广使用，取得了如下良好的环保效果。

（1）采用撒播/穴播/条播＋无纺布覆盖施工技术，该施工方法工程量较小，混播配方结合基质进行撒播及穴播，适用范围较广，对地质条件有良好的适应性，干旱季节采用无纺布覆盖成本低，适合推广应用。

（2）采用撒播＋薄层椰丝毯覆盖施工技术，该施工方法可提高混播配方的萌发率、成活率，有效防止边坡土壤干化及其所导致的植株生长不良的发生。该技术主要应用于土石混杂的溜渣边坡的水土保持及植被恢复，施工效率高，恢复速度快，通常2～3个月达到验收需求，同时可预防冲沟现象，对于广大的干旱区、土石山区的塔基流渣边坡水土保持及复绿具有应用前景。

（3）从造价上看，对于土石山区植被恢复，传统撒播方式播种3次，造价大于 2.5 元/m²。采用混播配方及基质配方撒播播种 1 次，造价小于 2.5 元/m²。采用混播配方穴播，浇水养护 1 次，造价小于 4 元/m²，价格相差不大。对于溜渣坡面，采用椰丝毯覆盖，浇水养护 1 次，造价小于 10 元/m²，优于传统植生袋护坡。不同施工技术植被恢复单价对比见表 2-14。

表 2-14 不同施工技术植被恢复单价对比

序号	施工技术分类	名称	单位	单价（元）	平方米用量	单塔基（按2000m²）	播种次数	合价	单价（元/m²）	备注
1	采用传统撒播施工的材料及施工费	种子材料费	kg	20	0.02	40	3	2400	1.20	撒播黑麦草、高羊茅、狗尾草等常规种子，效果差
		人工整地	工日	200	0.001	2	3	1200	0.60	
		撒施	工日	200	0.001	2	3	1200	0.60	
		5t汽车运输费	台班	370	0.0005	1	3	1110	0.56	
		小计				—	3	5910	2.96	
2	采用专用配方撒播施工的材料及施工费	草种材料费	kg	75	0.015	30	1	2250	1.13	未浇水养护
		基质材料费	kg	6	0.1	200	1	1200	0.60	
		人工整地	工日	200	0.001	2	1	400	0.20	
		撒施	工日	200	0.001	2	1	400	0.20	
		5t汽车运输费	台班	370	0.001	2	1	740	0.37	
		小计				—	1	4990	2.50	
3	采用专用配方穴播＋无纺布覆盖施工的材料及施工费	草种材料费	kg	75	0.015	30	1	2250	1.13	浇水养护1次，浇水量1～2L/m²
		基质材料费	kg	6	0.1	200	1	1200	0.60	
		无纺布	m²	0.4	1	2000	1	800	0.40	
		人工整地	工日	200	0.0015	3	1	600	0.30	
		撒施	工日	200	0.0005	1	1	200	0.10	
		覆盖无纺布	工日	200	0.004	1	1	800	0.40	
		浇水养护	工日	200	0.002	4	1	800	0.40	
		5t汽车运输费	台班	370	0.001	2	1	740	0.37	
		小计				—	1	6790	3.70	

续表

序号	施工技术分类	名称	单位	单价（元）	平方米用量	单塔基（按2000m²）	播种次数	合价	单价（元/m²）	备注
4	采用专用配方撒播＋椰丝毯覆盖施工的材料及施工费	草种材料费	kg	75	0.015	30	1	2250	1.13	浇水养护1次,浇水量2～3L/m²
		基质材料费	kg	6	0.1	200	1	1200	0.60	
		椰丝毯	m²	4	1	2000	1	8000	4.00	
		人工整地	工日	200	0.0015	3	1	600	0.30	
		撒施	工日	200	0.0005	1	1	200	0.10	
		覆盖椰丝毯	工日	200	0.01	20	1	4000	2.00	
		浇水养护	工日	200	0.004	8	1	1600	0.80	
		5t汽车运输费	台班	370	0.001	2	1	740	0.37	
		小计				—	1	18590	9.30	

第❸章
水土保持典型技术及应用

3.1 变电站（换流站）大型土方施工自平衡技术及应用

3.1.1 技术实施背景

《中华人民共和国水土保持法》对水土保持工作提出了"预防为主、保护优先、全面规划、综合治理、因地制宜、突出重点、科学管理、注重效益"的方针。特高压变电（换流）站土方工程应少弃土（购土），尽量做到土方平衡，减少对用地范围外的扰动，预防水土流失现象的发生。因场地条件受限，必须弃土（购土）的，应制定详尽的弃土（购土）方案，或结合当地政府需求制定综合利用方案，经专家审查后，取得水土保持部门的许可，且弃土（购土）实施过程中受地方水土保持部门全程监管，对特高压变电站（换流站）项目管理提出了更高的要求。

我国能源资源与电力负荷分布的不均衡性决定了"西电东送"特点，水能资源主要集中分布在我国西南地区。西南地区地形复杂，山高谷深，地震带分布广泛，地形较缓的盆地、平原多为城镇建设用地或基本农田，特高压变电站（换流站）选址十分困难。结合西南地区特点，特高压变电站（换流站）选址多位于丘陵、山前缓坡地带，土方及边坡工程在投资中占比较大。

布拖换流站是白鹤滩—江苏特高压直流输电工程、白鹤滩—浙江特高压直流输电工程送端换流站与布拖 500kV 变电站"三站合一"。布拖换流站总占地面积 62.0094ha（930.14 亩），为国内占地规模最大的特高压变电站（换流站）工程，其土石方工程量亦为目前同类型最大工程，土方自平衡、土方回填及边坡处理难度较大。布拖换流站采用整体规划，分期建设，一次场平的方式。工程"四通一平"阶段充分考虑影响土方平衡的各类因素，实现了土方自平衡，环保水保风险可控，通过现场碾压试验验证了回填方案的科学可靠。

3.1.2 技术实施特点

（1）在变电站（换流站）站区土方工程设计阶段，深入研究站址地质条件，收集影响土方平衡的条件，罗列各项目工程量，综合核算土方平衡情况。

（2）针对变电站（换流站）原始场地地形特点，优化变电站（换流站）竖向布置，减少土石方工程量。

（3）遵循动态设计原则，跟踪施工过程，及时调整场地标高。

（4）根据碾压实验数据，利用高含水率、高有机质含量的土方进行回填，减少外弃土方工程量。

（5）根据地勘资料，优化变电站（换流站）站区边坡率，减少挖填工程量，减少占地面积。

3.1.3 技术实施原理

3.1.3.1 站区场地竖向设计

布拖换流站位于布拖盆地西南部边缘。地形地貌属山前洪积扇前缘与布拖盆地堆积阶地结合部位。场地西南侧洪积扇前缘地段地形起伏较大，中部及东北部地形平缓开阔；整体地势为由西南向东北倾斜，高程为 2420～2490m，相对高差约为 70m。布拖换流站采用"三站合一"布置，分期进行建设。站区竖向布置方案及设计标高确定以土方平衡为原则，统筹调配各期土方，达到不弃土或少弃土的效果。

根据专题论证，布拖换流站场地采用台阶式布置方案较平坡式方案综合节省造价约 920 万元。布拖换流站一期 500kV 变电站、500kV 交流滤波器场和检修备品库区域位于高阶，场地标高约为 2454m；其余区域位于低阶，场地标高约为 2448m。通过土方计算，布拖换流站总开挖量为 260.52 万 m^3，总填方为 313.73 万 m^3，综合利用泥炭质土、耕植土、软塑土 21.32 万 m^3，外购碎石约 135 万 m^3，考虑土、石松散（压实）系数后，该工程土石方基本平衡。场地竖向布置如图 3-1 所示。

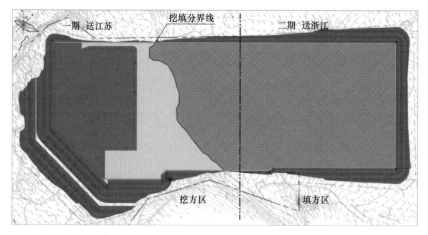

图 3-1　场地竖向布置

3.1.3.2　站区开挖、回填方案

1. 开挖方案

该工程土方开挖主要包含站区土方开挖区域、挖方边坡区域和施工临建开

挖区域。

站区开挖区域面积约 14.52ha，最大开挖深度约 31m，开挖工程量为 162.65 万 m³。

挖方边坡区域主要位于站区西南侧，边坡最大高度约 42m，挖方边坡采用支挡桩＋坡率放坡方案，开挖工程量为 86.97 万 m³。

站外施工（办公）临建位于站区南侧坡地，区域自然坡率大于 10%。两期施工（办公）临建总占地 7.58ha，开挖为 8.7 万 m³。

结合进站道路以及支挡桩开挖土方，布拖换流站总开挖工程量为 260.52 万 m³。

2. 回填方案

布拖换流站站区回填采用强夯半置换方案，填方边坡、进站道路路基以及施工临建采用分层碾压方案。其中强夯半置换消耗土方 245 万 m³，分层碾压消耗土方约 68 万 m³。

布拖换流站地震烈度高（Ⅷ度区），场平后围墙内最大填方深度为 22m，总挖方量约为 250 万 m³，填方量约为 300 万 m³。填方区填料主要为挖方区黏性土，平均天然含水率高达 55%，接近饱和状态，有机质含量平均高于 5%，其力学性质复杂，填筑地基处理难度大。且有机质含量较高的黏性土不能直接回填。加之该工程为三站合建，填方量大、雨季长，选取合理的方案对工期及处理效果、土石方平衡的影响较大。

为避免百万方级别的大规模弃土，该工程通过专项试验以及试夯研究确定采用强夯（半）置换法对高含水率、高有机质含量的黏性土进行夯实回填。

该工程回填土强夯置换采用 3000kN·m 能级，夯点间距 4m，正三角形布置，隔行分两遍完成。点夯停夯收锤标准：累计夯沉量大于或等于 4.6m，总夯击次数大于或等于 13 击，最后两击平均夯沉量小于或等于 150mm。在原场地上填土强夯的区域，局部区域土层总厚度较薄，可不控制累计夯沉量。点夯拔锤困难时向夯坑内填入碎石。

满夯采用 1500kN·m 能级，单点四击，一遍完成。3000kN·m 强夯置换主要技术参数见表 3-1。

表 3-1   3000kN·m 强夯置换主要技术参数

夯型	能级（kN·m）	夯点间距（m）	布点形式	夯击遍数	总夯击次数（击）	备注
一、二遍点夯	3000	4.0	正三角形	隔行分两遍完成	≥13	点夯完成后将场地推平
满夯	1500	d/4 搭接		1 遍	4	

强夯填料包括站址开挖土方以及外购碎石。可作为填料的开挖土方包括：①1，②3、③层黏土，①3 层碎石，②1、②2 层卵石，②5、③1 层砂；其中，①3 层碎石，②1、②2 层卵石用于填方边坡，不作为强夯填料。施工时采取合理的开挖组织调配方案，使各层填料均匀回填，其中，②3 层黏土占各层各区填料的比例不宜大于 50%。此外，①2、②4 层软塑黏土以及②6、③2 层泥炭质土不得作为填料，应当外弃。严禁用带有杂草、树根、淤泥、垃圾的土做回填料。夯点布置示意图如图 3-2 所示。

外购碎石的强度等级不低于 MU20，不得采用砂岩、泥岩等易风化、软化的石料，最大粒径应小于 300mm，不均匀系数 $C_u > 5$，曲率系数 $1 < C_c < 3$，料径在 200～300mm 之间的碎石不超过总量的 30%（体积比），含泥量小于 5%。填料填筑时应严格分层检验，每批次进行含水量和颗粒分析；当外购碎石级配不满足设计要求时，进行破碎、筛分。

3. 松散（压实）系数

布拖换流站总共完成了 80 万 m³ 的填土强夯（半）置换处理。由于回填量大，并且回填掺有大量外购碎石，因此土石方松散系数对土石方平衡的影响极

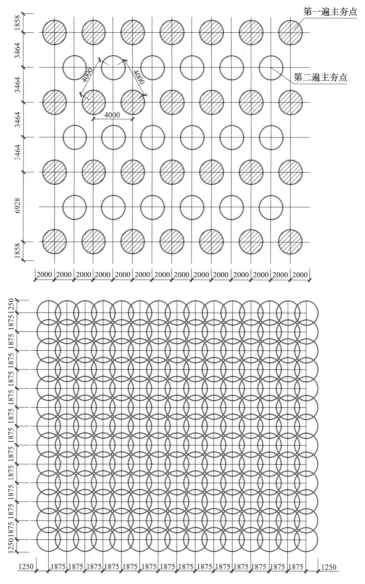

图 3-2 夯点布置示意图

大。该工程采用"开挖土方+外购碎石"的方式进行混合回填,其松散系数的准确确定难度极大,且无成熟的工程可作参考。因此在大面积施工前,采取了两个阶段的试验,分别是"高含水率黏性土回填试验"以及"工程试夯试验"对松散系数进行了实测。根据施工单位提供的《试夯施工报告》,试验期间土方开挖量为 11413.8m³，回填后方量为 13115.4m³，开挖土体直接堆填时松散系数为 1.15。试验区满夯后平均夯沉量约为 21cm，碎石压实方占总强夯填筑体体积约为 38.7%。试验区土方、外购碎石经回填强夯后的松散（压实）系数为 0.843。

松散系数的准确确定，避免了误判导致土石方出现不平衡。

3.1.3.3 边坡方案优化

根据初设阶段地勘资料、总平面布置及边坡稳定性分析结果，在可研方案的基础上对挖方边坡进行优化。场地挖方边坡均采用"坡率法 + 平台"的方法进行治理，取消可研阶段抗滑桩，节省工程投资。

第一级边坡（2448～2454m）坡高 6m，1:2 坡率放坡，其余各级坡高 6m，马道宽 3m，1:3 坡率放坡。西南侧最高挖方边坡第三级马道处设 10m 宽平台。挖方边坡典型剖面如图 3-3 所示（见文后插页）。

初设阶段挖方边坡优化后的治理费用为 1025 万元，较可研阶段的治理费用（5098 万元）节省投资约 4000 万元。

填方边坡各阶段方案无明显变化，根据稳定性分析结果，采用"加筋土边坡 + 护脚墙（挡土墙）+ 坡脚换填"方案。边坡坡率 1:1.5，单级坡高 8m，坡间设 3m 宽马道。填方边坡典型剖面如图 3-4 所示（见文后插页）。

3.1.4 技术实施要点

（1）根据建筑边坡设计规范，特高压变电（换流）站挖填边坡均采用一级边坡标准进行设计。

（2）布拖换流站挖方边坡主要分布地层为含水率较高的黏性土层，经反复优化后，挖方边坡采用"支挡桩 + 坡率边坡"方案，坡面采用格构梁结合局部节点锚杆护坡。站区东北侧靠近布拖县城镇规划区，填方区放坡场地十分受限，且回填料多为含水率较高的黏性土，根据碾压实验成果，填方边坡回填采用掺入 40%碎石拌和原状黏性土分层碾压方案。

（3）挖、填边坡均设可靠排水通道，在各级边坡马道设排水沟，防止雨水冲刷坡面。挖方边坡顶部及宽平台处采用混凝土封闭，防止雨水渗入坡体。此外，在挖方边坡中部马道设抽排井，及时排除渗入坡体的地下水，减小静水压力。

（4）站区场地采用有组织排水，设雨水管网，及时外排降雨。场地平整前，在填方区原地面设置排水盲沟，排水盲沟采用"树状"分布，主、次沟合理布置，确保及时排除渗入填筑体的雨水以及地下水，确保场地稳定。

（5）布拖换流站综合利用场地位于进站道路侧，靠近站区，土方倒运，以及综合利用土方运距短，避免了土方运输过程中对工程区域外的污染，有效地防止了水土流失的发生。

（6）施工前，设计进行技术交底，复测现场实际地形地物，核对站外施工临建、堆土场现状，确保与设计图纸一致。

（7）由业主牵头，对场地碾压实验报告进行专家评审，确定场地回填技术方案。

（8）施工过程中，现场施工单位及时与设计沟通，根据动态施工原则，及时调整场地设计标高以及边坡回填方案。

（9）定期复测场地标高，根据施工进度反复核对各回填层标高是否与设计图纸一致。

（10）动态监测边坡在开挖过程中的位移与形变，达到报警标准，及时与设计联系，分析原因，提出解决方案。

3.1.5 技术应用环保水保效果分析

布拖换流站"四通一平"工程于 2021 年 8 月正式交付主体施工，该工程总共完成土方开挖 260.55 万 m^3，土方回填 313.40 万 m^3，为国内已建换流站最大土方工程。在对"四通一平"各子项工程反复优化后，取得了良好的环保水保效果。

（1）该工程开挖土层主要为高含水率、高有机质含量的粉质黏土，局部分布泥炭质土。根据相关规范要求，合理分配有机质含量大于 10% 的黑色黏土和泥炭质土用于站外综合利用，既保证场地回填质量，又避免了大量弃土造成水土流失风险。

（2）站区挖方边坡采用"抗滑桩＋坡率放坡"方案，填方边坡采用"分层碾压＋加筋土"方案，挖填边坡稳定，沉降及位移量均达到预期。

（3）站区土方计算采用网格法结合三维计算方式，与工程实践结果相符，计算量与实际工程量误差控制在了 1.5% 以内，避免了因计算和测量误差造成的弃土或购土。

（4）该工程基本达到了土方自平衡要求，场地稳定性满足了各建构筑物基础要求，总结出的设计及施工经验具有推广应用价值。

（5）站区边坡充分应用了动态设计，运用先进测量方法，全施工过程跟踪边坡沉降位移情况，及时修正方案，确保了边坡安全稳定，其流程具有较广泛的实用价值。

（6）该工程对站区附近环境影响较小，水土流失状况可控，环保水保性能优越。

（7）该工程充分优化方案，合理控制挖填方工程量和地基处理工程量，有效节省了工程造价约 6900 万元。

3.2　变电站（换流站）不均匀沉降控制技术及应用

3.2.1　技术实施背景

特高压变电站（换流站）占地面积大，场平施工挖填方量巨大。场平工程质量关系到上部土建及电气安装工程质量与进度,处理不好将给变电站(换流站)后续运行带来较大安全隐患,严重时将造成重大经济损失,且难以弥补。通过采取有效的场地设计、施工及不均匀沉降控制措施,在施工过程中及工程投运后对变电站(换流站)站址进行系统的沉降量测量,能够及时了解变电站地基、设备基础及主要建筑物的稳定情况,利于合理预防特高压变电站(换流站)场平工程质量问题的发生、及时发现沉降问题、及早解决处理;尤其对高填方区的沉降观测,能够帮助确定合理施工工序,预防在施工过程中出现不均匀沉降,避免因沉降原因造成建筑物主体结构的破坏或产生影响结构使用功能的裂缝,防止巨大经济损失。

浙北 1000kV 变电站工程(以下简称"浙北站")是皖电东送淮南至上海特高压交流输电示范工程、浙北-福州特高压交流工程的重要组成部分,是特高压交流电网的重要节点。浙北站站址位于浙江省湖州市安吉县昆铜乡境内的低山丘陵上,距离昆铜乡 2.5km。变电站的征地范围为南北长 570m,东西宽 360m的复合矩形内,站址规划用地面积 18.51ha(约 277 亩),其中围墙内面积13.67ha(约 205 亩)。浙北站站区场地整平工作量巨大,挖填方达 131.9 万 m^3,其中挖方 61.3 万 m^3,填方 70.6 万 m^3。浙北站站址原始地貌图如图 3-5 所示,站址场地为构造低山剥蚀丘陵区,地貌主要为浑圆状的低山,地形起伏较大,

图 3-5 浙北站站址原始地貌图

总体地势西南低，北东高。站址地表高程变化范围在 36.30～93.72m 之间，设计标高在 66.5～70.5m 之间，场地平整前自然标高与设计标高最大高差达 28m。

该案例以浙北站为例，对变电站（换流站）大型土方施工不均匀沉降控制措施进行介绍。

3.2.2　技术实施特点

特高压变电站（换流站）大型土方施工不均匀沉降控制的技术原则和实施特点是：安全可靠、技术可行、质量优良、控制成本、提高效率、保护环境。

安全可靠：所采用的地基处理技术应提高地基土的承载力，降低压缩性、减少建筑物的沉降量，满足变电站的安全生产运行要求。

技术可行：适应性强、处理效果好，便于施工，在一定条件下可以适用多数大型土方工程。

质量优良：满足设计要求，优良品率 100%。

控制成本：处理费用相对较低，按照企业利益最大化原则，追求全寿命周期内企业的最优经济效益。

提高效率：能够缩短施工时间，便于机械化施工，提高劳动生产率。

保护环境：注重环保，对环境影响小，不扰民，利于工程管理。

3.2.3　技术实施原理及实施要点

3.2.3.1　场地平整施工及验收指标

在变电站（换流站）工程的实际施工中，遇到不良地基的情况是常见的，常见的不良地基处理方式主要有强夯法、换填法、水泥土搅拌法和树根桩法等。根据站区具体情况，浙北站将站区场地平整单位工程主要分为强夯施工和上部分层碾压施工两大部分，其中强夯施工包括原土强夯置换和回填土强夯。场地平整施工具体工程量详见表 3-2。

表 3-2　　　　　　　　　浙北站站区场地平整施工工程量统计表

序号	施工项目名称	单位	工程量	
1	场平工程土石方开挖	m³	613248	
2	场平工程土石方回填	m³	706055	
3	地基原土强夯置换	m²	54018	其中东北侧：16853
				其中西侧区：37165
4	回填土强夯	m²	224441	其中东北侧：123982
				其中西侧区：85998
				其中北侧区：14461

3.2.3.1.1　原土强夯置换

原土强夯置换施工是对原状坡积土及粉质黏土进行强夯置换，强夯置换夯单击锤击能 3000kN·m；夯锤直径采用 1.3m 及 1.5m 两种；夯点间距 2.2m，正方形布置；夯击顺序分三遍跳点夯，每点一次连续夯击；停锤标准：以最后两击平均夯沉量小于 5cm 收锤；强夯置换完成后，场地推平，以 1000kN·m 的夯击能满夯一遍，每遍 2 击。

强夯置换后主要验收指标：复合地基承载力特征值不小于 400kPa，压缩模量 E_s 不小于 10MPa，通过地基静载荷试验获取；重型动力触探纵向深度内墩体击数不小于 14 击；瑞利波任何两点间平均波速不小于 248m/s。

3.2.3.1.2　回填土强夯施工

回填土强夯施工在大面积强夯置换施工完成后进行，回填土强夯土方回填分层厚度 4m（土方回填时分亚层进行推填，每亚层厚度为 1m 左右，推平后采用 22t 以上压路机进行碾压两遍，再填筑上一亚层）；单击锤击能 5000kN·m；夯锤直径不小于 2.4m；采用一遍点夯连续夯击，夯点间距 5m，正三角形布置；停锤标准：单点夯击 10～12 击，最后两击平均夯沉量小大于 3cm；点夯完成后将场地推平，以 1500kN·m 满夯一遍，每遍 4 击。

回填土强夯后验收指标：复合地基承载力特征值不小于 180kPa，压缩模量

E_S 不小于 15MPa，超重型动力触探纵向深度内击数不小于 7 击；固体体积率不小于 82%；分层夯沉量不宜小于 85cm。

3.2.3.1.3　上部分层碾压

强夯顶部分层碾压区，采用机械分层碾压，首先进行隔水层施工，隔水层底部铺设土工布，上部铺 60cm 厚黏土，分两层进行碾压，分层厚度不大于 30cm；填料粒径不大于 20cm；控制回填土含水率 ±2% 之间；碾压机械采用不小于 22t 振动碾压机并辅以其他压实设备。

验收指标：压实系数不小于 0.97。

3.2.3.2　站区场地沉降观测控制

浙北站变形（沉降）观测工作由土建施工单位委托相关单位在工程建设期间开展。工程测量项目采用浙北站高程基准点 1985 年国家高程系施测完成，测量仪器采用 Leica DNA03 电子水准仪。

1. 沉降观测基准点及沉降点布设情况

基准点及沉降点由设计单位设计人员统一布设，根据《沉降观测点布置图》，站区基准点选在稳定的挖方区域内，在整个场地内共布设 3 个沉降观测基准点 A1、A2、A3。

鉴于浙北站场地填方面积约 70.6 万 m^2，填方最大深度为 28m，场地处理采用强夯、机械碾压方案，1000kV GIS、主变压器、高压电抗器设备基础采用冲孔灌注桩，1000kV 1 号继电器小室、站用电室、备品备件库位于挖方区，设备基础在填、挖方区域均有，考虑在填方区设置场地沉降观测点。最终在场地内布设了 B1～B15 共 15 个沉降点。

建筑物外墙共设置 C1～C6（主控通信楼）、D1～D6（综合楼）、E1～E4（生活消防水泵房及消防水池）、F1～F4（1000kV 继电器小室Ⅰ）、G1～G4（1000kV 继电器小室Ⅱ）、H1～H6（500kV 继电器小室）、I1～I5（站用电室）、J1～J6（备品备件库）、K1～K4（主变压器及 110kV 继电器小室Ⅰ）、L1～L4（主变压器及 110kV 继电器小室Ⅱ）共 49 个沉降观测点。

　　基础外围共设置 M1～M14（1000kV 高压电抗器基础）、N1～N56（1000kV GIS 基础）、O1～O54（500kV GIS 基础）、P1～P28（1000kV 主变压器）共 152 个沉降观测点。

　　浙北站沉降观测点一览表详见表 3-3。

表 3-3　　　　　　　　　　　浙北站沉降观测点一览表

编号	位置	备注
A1	预留高压电抗器配电装置区域	水准工作基点
A2	1000kV 配电装置区域	水准工作基点
A3	2 号主变压器、110kV 无功补偿装置区域	水准工作基点
B1～B3	预留高压电抗器配电装置区域	场地回填区
B4～B5	1000kV 配电装置（沪西高压电抗器）区域	场地回填区
B6	主控通信楼区域	场地回填区
B7～B8	1 号主变压器预留区域	场地回填区
B9～B10	2 号主变压器区域	场地回填区
B11	综合楼区域	场地回填区
B12	500kV 配电装置区域	场地回填区
B13	1000kV 配电装置区域	场地回填区
B14～B15	4 号主编区域	场地回填区
C1～C6	主控通信楼	建筑物外墙
D1～D4	综合楼	建筑物外墙
E1～E4	生活消防水泵房及消防水池	建筑物外墙
F1～F4	1000kV 1 号继电器小室	建筑物外墙
G1～G4	1000kV 2 号继电器小室	建筑物外墙
H1～H6	500kV 继电器小室	建筑物外墙
I1～I5	站用电室	建筑物外墙
J1～J6	备品备件库	建筑物外墙
K1～K4	主变压器及 110kV 1 号继电器室	建筑物外墙
L1～L4	主变压器及 110kV 2 号继电器室	建筑物外墙
M1～M14	1000kV 高压电抗器基础	基础外围

编号	位置	备注
N1~N56	1000kV GIS 基础	基础外围
O1~O54	500kV GIS 基础	基础外围
P1~P28	1000kV 主变压器	基础外围

2. 沉降观测时间及要求

（1）施工期间观测时间及周期。

1）回填场地：场地回填处理完毕后应立即施工观测点，并进行第一次观测，以后每季度观测一次，施工期间场地沉降观测总次数不应少于 6 次。

2）建筑物：基础及观测点施工完毕后应进行第一次，以后每层观测一次，主体完工后每季度观测一次，施工期间每个建筑物沉降观测总数不应少于 6 次。

3）构筑物及设备基础：设备就位前后各观测一次，以后每季度观测一次，施工期间每个设备基础沉降观测总次数不应少于 6 次。

中国电力建设企业协会创优咨询专家组对浙北站进行创优咨询指导时指出，考虑到浙北站巨大的挖填方量，需要严格关注地基沉降状况，建议自次月起每月进行一次沉降观测。

（2）变电站投运后观测时间及周期。投运后第一年观测 3~4 次，第二年观测 2~3 次，第三年以后每年观测 1 次，直至沉降稳定为止。

（3）沉降稳定的判定标准：由沉降量与时间关系曲线判定，当最后两个观测周期的沉降速率小于 0.01~0.04mm/d，可认为已经进入稳定阶段。建（构）筑物地基变形允许值见表 3-4。

表 3-4　　　　　　　　　　建（构）筑物地基变形允许值

序号	建（构）物名称	变形允许值	
		最大沉降量（mm）	倾斜度
1	建筑物	120	0.003
2	1000kV 设备基础	30	0.001
3	其他设备基础	50	0.002

3.2.4 技术应用案例及环保水保效果分析

3.2.4.1 场平施工质量检测结果

浙北站场平工程回填土压实度、固体体积率等指标检测，委托属地电力工程质量检测单位进行检测。北侧回填区检测 110 组，东北侧回填区检测 389 组，西侧回填区检测 550 组，检测结果最小值为 97%，最大值为 99%，平均值为 97.4%，满足设计要求的压实系数 0.97 的指标；全站回填土强夯固体体积率共检测 79 组，其中最小值为 82%，最大值为 86%，平均值为 83.2%，满足设计要求的 82%的指标。

回填土强夯后的地基静载荷、压缩模量测试、瑞利波测试、超重型动力触探等检测试验委托有资质的第三方检测单位进行检测。其中回填土强夯进行超重型动力触探检测 100 组，其中 99 组满足设计要求，1 组不满足设计要求，经进行补强加固后并经复检后满足设计要求；回填土强夯进行静载荷检测 26 组，全部满足设计要求；回填土强夯进行瑞利波检测 10 条，全部满足设计要求；原土强夯置换进行重型动力触探检测 24 组，其中 23 组满足设计要求，1 组不满足设计要求，经进行补强加固后并经复检后满足设计要求；原土强夯置换进行静载荷检测 13 组，全部满足设计要求；原土强夯置换进行瑞利波检测 12 组，其中 9 组满足设计要求，3 组不满足设计要求，经进行补强加固后并经复检后满足设计要求。

3.2.4.2 站区沉降观测成果

根据相关沉降观测要求以及浙北站自身情况，浙北站一直严格开展沉降观测工作。根据观测单位给出的浙北站变形（沉降）观测报告，得到了浙北站建（构）筑物、重要设备基础和场地沉降观测成果。表 3-5 给出了浙北站观测基准点、场地及部分典型建筑物、重要设备基础的沉降观测结果的最大沉降及平均沉降，图 3-6～图 3-9 以主控楼及备用高压电抗器为代表，给出了建筑物及设备基础的沉降观测点埋设示意图及观测点沉降曲线。

表 3-5 浙北站观测基准点、场地及部分建筑物、重要设备基础沉降观测结果

序号	测量位置	最大沉降（mm）	平均沉降（mm）	备注
1	观测基准点	0.41	0.10	基准点
2	场地沉降点	8.43	4.84	场地
3	主控通信楼	27.05	23.31	建筑物
4	综合楼	23.44	20.94	建筑物
5	500kV 继电器室	24.24	20.74	建筑物
6	备品备件库	26.64	21.28	建筑物
7	2 号主变压器	10.51	9.54	1000kV 设备基础
8	皖南 II 线高压电抗器	8.05	7.14	1000kV 设备基础
9	1000kV GIS	2.06	1.23	1000kV 设备基础
10	500kV GIS	5.04	3.12	其他设备基础

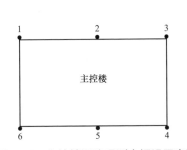

图 3-6 主控楼沉降观测点埋设示意图

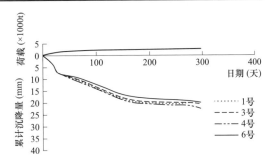

图 3-7 主控楼观测点沉降曲线

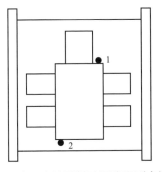

图 3-8 备用高压电抗器基础沉降观测点埋设示意图

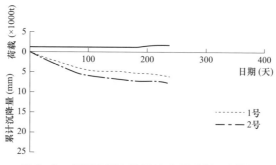

图3-9 备用高压电抗器基础观测点沉降曲线

根据表3-5给出的建（构）筑物地基变形允许值可以看出，浙北站各观测对象的沉降变形均在允许范围内。沉降观测结果表明浙北站场地、建筑物及设备基础的沉降变形均在允许范围内，正确反映了变电站沉降状况，验证了变电站（换流站）大型土方施工不均匀沉降控制措施的有效性，也为后续特高压变电站（换流站）工程大型土方施工不均匀沉降控制的勘察设计施工提供了可靠资料和数据。

3.3 变电站（换流站）边坡防护技术及应用

3.3.1 技术实施背景

自2011年9月我国第一条晋东南—南阳—荆门1000kV特高压交流试验示范工程、2010年6月第一条云南—广东±800kV特高压直流输电工程投运以来，由于特高压具有输送容量大、距离远、效率高和损耗低等技术优势。国家电网有限公司联合各方力量，在特高压理论、技术、标准、装备及工程建设、运行等方面取得全面创新突破，特高压工程实现了"中国创造"和"中国引领"。

特高压工程由于具有线路路径长、点多面广、沿线自然环境及植被与地形条件复杂多变、生态环境及区域人文环境各有特色等特点，变电站在处理站区高陡边坡处理时为了稳定斜坡，防治边坡风化、面层流失、边坡滑移、垮塌而采取的边坡防护处理措施，部分变电站由于地形条件形成了大量无法恢复植被的岩土边坡，传统的边坡处理措施采用浆砌石及混凝土等工程防护措施，与变电站周围的生态环境不和谐。

为了防止特高压变电站边坡滑移、垮塌、维持边坡稳定、护坡的建设与周围景观相协调，随着环境意识及经济实力的不断提高，水土保持措施工作的要求，变电站生态护坡技术也逐步应用到工程建设中来。

基于新时期国家生态文明建设和水土保持工作的要求，通过实地调研考察特高压变电站边坡防护主要类型，参考现有边坡防护技术分类现状，以实例展示特高压边坡防护措施与周围景观相和谐一致性。为后续特高压变电站边坡防护在具有防护和稳固作用的同时，兼具和周围生态环境和谐提供一定的经验和借鉴。

3.3.2　技术实施特点

（1）变电站边坡防护的适用范围主要是针对因空气、雨水侵蚀而引起边坡坍塌或崩塌进而影响边坡稳定而采取的辅助性工程措施。

（2）变电站边坡防护的设计原则为边坡防护工程达到安全稳定要求的边坡，应和变电站道路周围环境景观相协调。有条件时宜采用植被绿化护坡形式。

（3）变电站边坡防护的形式要综合考虑当地气候、水文地质、工程地质、边坡高度、环境条件、施工条件、材料来源以及工期等综合因素。从主体工程考虑变电站边坡防护形式分为植被护坡、生态护坡、骨架植物护坡、石砌护坡及混凝土护坡等。

（4）从水土保持角度考虑对主体工程设计的稳定边坡，应布设边坡防护措施，主要护坡措施有植物护坡、工程护坡、工程和植物相结合的综合护坡，变电站边坡防护类型的选择应和周围环境景观相协调，在主体工程稳定的前提下宜采用植被绿化护坡形式。

3.3.3　技术实施原理

（1）《生产建设项目水土保持技术标准》（GB 50433—2018）明确了边坡防护工程的规定。

（2）《水土保持工程设计规范》（GB 51018—2014）明确了坡面植物防护形式及其适应条件，坡面客土绿化技术应用条件（防护型式、适用范围、绿化方向、技术特点），喷播绿化技术应用条件（防护型式、适用范围、绿化方向、技术特点）。

（3）《特高压直流输电工程水保标准化管理手册》《特高压工程环境和水土保持工艺指南》明确了浆砌石护坡、植物骨架护坡、生态带绿化边坡、植草砖护坡及客土喷播绿化护坡的适用范围、工艺标准、施工要点。

（4）《城市道路——护坡》（建质函〔2007〕129号）明确了边坡防护的设计规范及图集。

3.3.4　技术实施要点

3.3.4.1　边坡防护设计原则

（1）特高压变电站因开挖、回填形成的坡面，主体工程设计根据周围地形、地质、水文条件、施工方式等因素，采取挡墙、削坡开级、工程护坡、坡南固定、滑坡防治等边坡防护措施。

（2）特高压变电站对站区边坡开挖、削坡坡面或风化严重的岩石坡面，在降水渗流的渗透、地表径流及沟道水流的冲刷作用下容易产生湿陷、坍塌、滑坡、岩石风化等边坡失稳现象，采取挡墙及护坡工程，保证边坡的稳定。

（3）对易风化岩石或泥质岩石坡面，采用削坡卸荷稳定边坡之后，应采取锚喷工程支护，固定坡面。

（4）对易发生滑坡的坡面，应根据滑坡体的岩层构造、地层岩性、塑性滑动层、地表地下分布状况，以及人为开挖情况等造成滑坡的主导因素，采用削坡反压、拦排地表水、排除地下水、滑坡体上造林、抗滑桩、抗滑墙等滑坡整治工程。

（5）对经防护达到安全稳定要求的边坡，宜恢复林草植被。

特高压变电站主体工程边坡防护选用条件见表3-6。

表3-6　　　　　　　　　边 坡 防 护 适 用 条 件

护坡类型		边坡坡率	土（石）质
植物护坡	植草护坡	缓于1:1.5	易于植被生长的土质边坡，高度低于8m
	铺草皮护坡	缓于1:1	土质和严重风化的软质岩石边坡
生态护坡	三维植被网护坡	缓于1:0.75	植被难于生长的土质和强风化软质岩石边坡
	土工格室植草护坡	缓于1:0.75	人工开挖困难的岩石边坡
骨架植物护坡	浆砌片石（或水泥混凝土）骨架植物护坡	缓于1:0.75，当坡面受雨水冲刷严重或潮湿时应缓于1:1	土质和全风化岩石边坡
	方格（人字）形截水骨架植物护坡		降雨量较大且集中的地区
	水泥混凝土空心块植物护坡（正方形或六边形）	缓于1:0.75	土质和全风化、强风化的岩石边坡
石砌护坡	干砌片石护坡	缓于1:1.25	土（石）质边坡、植被不易生长的边坡
	浆砌片石护坡	缓于1:1	易风化岩石边坡和不易植物生长的土质边坡
	混凝土护坡	—	适用于可能遭受强烈洪水冲刷的高陡边坡

3.3.4.2　坡面植物选用原则

1. 坡面植物选用原则

应根据立地类型、项目区植被类型、防护功能要求，遵循适地适树（草）

原则确定。应根据边坡的坡度、坡向、土层厚度等条件，采用乔、灌、草相结合的防护措施、攀缘植物或低矮匍伏型草种，种植条件差的可采用藤本植物护坡。

（1）适应当地气候条件。

（2）适应当地土壤条件（包括水分、pH 值、土壤性质等）。

（3）抗逆性强（包括抗旱性、抗热性、抗寒性、抗贫瘠性、抗病虫害性等）。

（4）易成活，叶茎矮，根系发达，生长迅速，能在短时期内覆盖坡面。

（5）适用粗放管理，能生产适量种子。

（6）种子易得且成本合理。

2. 常用坡面植物选用

常用坡面植物选用见表 3–7。

表 3–7 护坡坡面适用植物一览表

序号	项目所在地区	适用植物
1	东北地区	野牛草、结缕草、紫羊茅、羊茅、匍匐翦股颖、草地早熟禾、白三叶、林地早熟禾、早熟禾、小糠草、高羊茅、异穗苔草、加拿大早熟禾、白颖苔草
2	华北地区	野牛草、林地早熟禾、草地早熟禾、白三叶、匍匐翦股颖、加拿大早熟禾、白颖苔草、颖茅苔草
3	西北地区	野牛草、林地早熟禾、草地早熟禾、白三叶、匍匐翦股颖、加拿大早熟禾、颖茅苔草、狗牙根草、羊茅、白颖苔草、高羊茅、结缕草、小糠草、紫羊茅
4	西南地区	假俭草、紫羊茅、草地早熟禾、白三叶、羊茅、双穗雀稗、高羊茅、小糠草、弓果黍、竹节草、马蹄金、狗牙根草、香根草、多年生黑麦草
5	华中、华东地区	假俭草、紫羊茅、草地早熟禾、白三叶、羊茅、双穗雀稗、高羊茅、小糠草、弓果黍、竹节草、马蹄金、狗牙根草、香根草、多年生黑麦草
6	华南地区	白三叶、假俭草、两耳草、中华结缕草、双穗雀稗、马蹄金、马尼拉结缕草、细叶结缕草、弓果黍、香根草、沟叶结缕草、狗牙根草

3.3.4.3 边坡防护施工材料选用原则

1. 植被护坡施工材料选用原则

植草护坡一般由草种，木纤维，保水剂，黏合剂，染色剂等与水组成的混合物，材料配比一般是每平方米用水 4000mL，纤维 200g，黏合剂（纤维素）3～6g，保水剂、复合肥及草种（草种一般为 60～80kg/hm²）根据具体情况而定。

（1）草种应根据气候区划进行选用，应具有优良的抗逆性，并采用两种以上的草种进行混播。

（2）木纤维由天然林木加工后的剩余物再经特殊加工制成，加工纤维的长短和粗细比例应达到合适的纤维分离度，保证喷播层有良好的交织性能。为此，加工纤维时应搭配选用一定量的针叶树种原料。纸浆和泥炭土也可作为木纤维的代替材料。选用纸浆时注意 pH 值不能过大，以及纸浆中不能含有对草种萌芽、生长有害的物质。

（3）保水剂一般常用合成聚合物系列，如丙烯酸、丙烯酰胺共聚物等。

（4）黏合剂可选用纤维素或胶液。黏合剂应与保水剂相互匹配而不削弱各自功能，同时也要求对草坪和环境无害。

（5）根据土壤肥力状况，喷播时配以草坪植物种子萌芽和幼苗前期生长所需的营养元素，一般采用氮、磷、钾复合肥。

（6）染色剂染色是为了提高喷播时的可见性，便于喷播者观察喷播层的厚度和均匀性。可用木纤维事先染成草绿色或根据需要喷播时在搅拌箱中加染色剂进行着色。喷播时也可直接用不染色的原色木纤维。

（7）草皮应具有优良的抗逆性。草皮块厚度为 20～30mm，草皮可切成长×宽为 300mm×300mm 大小的方块。

2. 生态护坡施工材料选用原则

（1）草种应根据气候区划进行选型，应具有优良的抗逆性，并采用两种以上的草种进行混播。

（2）三维植被网采用 NSS 塑料三维土工网，其纵横向拉伸强度不得低于 4kN/m，抗光老化等级应达到Ⅲ级。

（3）土工格室的标准展开尺寸不小于 4m×5m，土工格室高度为 100mm，抗光老化等级达到Ⅲ级，各单元采用插销连接，格室组间连接处抗拉强度不小于 120N/cm。

（4）钢筋为 HRB335 级钢筋，U 形锚钉、固定钉、钢钉均为 HPB235 级钢筋，长度应根据边坡岩层风化程度调整。钢垫板采用 Q345B 级钢。钢筋、钢板均做除锈和涂防锈油漆处理。

3. 骨架植物护坡施工材料选用原则

（1）骨架材料。材料采用浆砌片石成水泥混凝土预制块。混凝土强度不低于 C20，砂浆强度不低于 M7.5，石料强度不低于 MU30。

（2）网格内材料。

1）骨架网格内可以采用种草或者其他辅助防护措施。草种应根据气候区划进行选型，要具有优良的抗逆性，并采用两种以上的草种进行混播。

2）空心预制块内填充种植土，喷播植草。草种应根据气候区划进行选型，要具有优良的抗逆性，并采用两种以上的草种进行混播。

3.3.4.4　边坡防护施工工序

1. 植被护坡施工工序

（1）植草护坡施工工序。

1）平整坡面：人工整平，清除所有岩石、碎石块、植物、垃圾，回填改良土时厚度为 100mm，需改良土壤的 pH 值时，应提前 1 个月进行。

2）排水设施施工：根据坡面过流量大小考虑是否设置坡面横向排水沟。

3）播草施工：按设计比例配合草种、木纤维、保水剂、黏合剂、染色剂及水的混合物料，均匀播种。

4）盖无纺布：雨季施工避免雨水冲刷，也可采用稻草、秸秆编织布覆盖。

5）前期养护：洒水养护不少于 45d，定期进行病虫害防治、追肥，草种发芽后及时补播。

（2）铺草皮护坡施工工序。

1）平整坡面：清除坡面石块和杂物，翻耕 200～300mm，若土质不良需按植草护坡对土体进行改良，锯草皮前轻振 1～2 次坡面，并洒水润并填湿坡面。

2）准备草皮：注意防止草皮水分损失。

3）铺草皮：间铺法和条铺法。

4）前期养护：洒水养护不少于 45d，定期进行病虫害防治、追肥，草种发芽后及时补播。

2. 生态护坡施工工序

（1）平整坡面：人工整平，清除所有岩石、碎泥块、植物、垃圾，回填改良土厚度为 100mm，需改良土壤 pH 值时，应提前 1 个月进行。

（2）排水设施施工：开挖宽 30mm，深度不小于 200mm 矩形沟槽，根据坡面过流量大小考虑是否设置坡面横向排水沟。

（3）土工格室施工：采用插件式连接法连接土工格室单元。

（4）回填改良土：轻轻压实，洒水厚度 10～30mm，保证回填改良土稳定。

（5）建三维植被网：顺坡铺设、防止网格悬空，网格同横向搭接宽度为 100mm，纵向搭接宽度为 150mm。

（6）喷播施工：按设计比例配合草种、木纤维、保水剂、黏合剂、染色剂及水的混合物料，均匀播种。

（7）盖无纺布：雨季施工避免雨水冲刷，也可采用稻草、秸秆编织布覆盖。

（8）前期养护：洒水养护不少于 45d，定期进行病虫害防治、追肥，草种发芽后及时补播。

3.3.4.5　边坡防护施工注意事项

1. 植被护坡施工注意事项

（1）植草护坡适用于边坡边率为 1∶1.5～1∶2.0，当边坡坡率陡于 1∶1.25 时必须结合其他方法使用。边坡每级坡高不超过 8m。

（2）铺草皮护坡常用边坡坡率为 1∶1.0～1∶1.5，一般缓于 1∶1.0。边坡每级坡高不超过 8m。

（3）起草皮前一天应浇水，以保证草皮有足够的水分，不易破损，并防止运输过程中失水。

（4）铺草皮时避免过分伸展和撕裂草皮，草皮块与块之间保留 5mm 间隙，并填入细土，将草皮四角用竹扦与披面垂直固定，竹扦露出草皮表面不超过 20mm，在草皮上洒水，并用木棰将草皮与坡面拍实贴紧。

（5）施工宜在春季和秋季进行，应尽量避免在暴雨季节施工。在干旱、半干旱地区应保证养护用水的持续供给。

2. 生态护坡施工注意事项

（1）边坡坡率应缓于 1:0.75，边坡每级坡高不超过 8m。

（2）当新砌筑边坡平台时，应将平台处三维植被网连通；若利用原有边坡平台时，应在平台下面抹厚 30mm M7.5 砂浆，确保地表水不浸入坡体。

（3）土工格室在铺设时应充分展开，格室内要填满改良土并压实，表层用人工覆盖潮湿的土壤，并高出格室 10～20mm。

（4）三维植被网埋入边坡平台顶面以下 120mm，埋入长度不小于 200mm，埋入坡脚土内为 300mm。

（5）坡面上按设计钢钎位置放样，采用 $\phi38～\phi42$ 螺纹钢钻孔，按设计要求冲孔，插入钢钎后在钻孔内灌注入 1:3 水泥砂浆固定钢钎。

（6）按设计要求弯制钢钎，并除锈、涂防锈油漆，悬挂在坡面外的钢钎必须套上内径为 25mm 聚乙烯或聚丙烯软塑料管，管内所有空隙用油脂填充，并密封端部。

（7）铺设土工格室时，先用固定钉或钢钎进行固定，然后展开固定坡脚。土工格室应预先系土工绳，以备与三维植被网连接绑扎。

（8）施工宜在春季和秋季进行。应尽量避免在暴雨季节施工。在干旱、半干旱地区应保证养护用水的持续供给。

3. 骨架护坡施工注意事项

（1）施工一般宜在春季和秋季进行，应尽量避免在暴雨季节施工。

（2）采用水泥砂浆就地砌筑片石，砌筑骨架时应先砌筑骨架衔接处，再砌筑其他部分骨架，两骨架衔接处应保持在同一高度。

（3）骨架砌好后，如基础土不适合于植物生长，则应在骨架网格内填充改良客土，充填时要使用振动板使之密实，靠近表面时用潮湿黏土回填。

（4）施工时砌筑骨架应保证骨架紧贴边坡，流水面与草皮表南平顺。

（5）护坡每隔 10～20m 设伸缩缝一道，缝宽 20mm，缝内用沥青麻筋满缝隙填塞。

（6）护坡高度超过 8.0m 时，两级护坡之间需设置 1.5～2.0m 宽的分级平台。

（7）拱形骨架植物护坡必须在基础稳定沉实后砌筑，砌筑前必须将坡面整平、拍实，不得有凹凸现象。

（8）预制正方形混凝土框格，内框边长 550mm，外框边长 650mm，框格宽 50mm，高 150mm。

（9）框格节点使用 M7.5 号砂浆砌牢。

（10）骨架如采用水泥混凝土材料，水泥混凝土上预制块方格相邻边应相互垂直，并与水平线呈 45°。

（11）雨季施工时，为使草种免受雨水中失，并实现保温保湿，应加盖无纺布，以促进草种的发芽生长。也可以采用稻草，秸秆编织席覆盖。

3.3.4.6 各种边坡防护措施的特点

1. 植被护坡特点

植被护坡中种草护坡具有施工简单、造价低廉等优点。种草护坡由于草籽播撒不均匀，草籽易被雨水冲走，种草成活率低等原因，往往达不到满意的边坡防护效果，而造成坡面冲沟，表土流失等边坡病害，导致大量的边坡病害整治、修复工程，使得该技术近年来应用较少。该方法局限性很大，缺点也很明显。

植被护坡中铺草皮护坡施工简单,工程造价低、成坪时间短、护坡功效快、施工季节限制少。植被边坡适用于附近草皮来源较易、边坡高度不高且坡度较缓的各种土质及严重风化的岩层和成岩作用差的软岩层边坡防护工程。植被边坡是设计应用最多的传统坡面植物防护措施之一。

植被护坡中铺草皮护坡由于前期养护管理困难,新铺草皮易受各种自然灾害,往往达不到满意的边坡防护效果,而造成坡面冲沟、表土流失、坍滑等边坡灾害,导致大量的边坡病害整治、修复工程。植被边坡另外还受草皮来源限制。

2. 生态护坡特点

生态护坡可使不毛之地的边坡充分绿化,适用于坡度较缓的泥岩、灰岩、砂岩质路堑边坡。生态护坡的缺点是要求边坡坡度较缓。

3. 骨架护坡特点

骨架护坡造价高,适用于浅层稳定性差且难以绿化的高陡岩坡和贫瘠土坡中采用;能减轻坡面冲刷,保持草皮生长;避免了植被护坡的缺点。

3.3.5 张北可再生能源柔性直流电网示范工程边坡防护应用案例

3.3.5.1 张北可再生能源柔性直流电网示范工程概况

张北可再生能源柔性直流电网示范工程(以下简称"张北柔直工程"位于河北省和北京市境内。建设内容包括:新建±500kV 张北、康保、丰宁三个送端柔性直流换流站;新建受端±500kV 北京柔性直流换流站;新建±500kV 四端环形柔性直流输电线路及金属回流线路。直流线路全长 658.866km(同塔双回线路长度折单计算)。

张北柔直工程是世界上首个应用柔性直流技术进行陆地可再生能源大规模并网的直流电网示范工程。对推动能源生产和消费革命可起到科技引领示范作用，对于实现风、光、储多能互补，促进张家口地区可再生能源外送，提高北京市接受外电能力，探索我国北方地区新能源开发和利用模式，积累相关技术和运行经验，保障 2022 年冬奥会场馆安全可靠供电，实现"零碳奥运、绿色奥运"具有十分重要的意义。

本次调研张柔性直工程的新建±500kV 张北、康保、丰宁三个送端柔性直流换流站、新建受端±500kV 北京柔性直流换流站的边坡防护措施。项目组成员于 2022 年 7～8 月对该项目新建换流站站址进行了调研，张北可再生能源柔性直流电网示范工程于 2021 年 9 月进行了水土保持自主验收。2021 年 12 月到水利部进行了报备。

张北柔直示范工程概况图如图 3-10 所示。

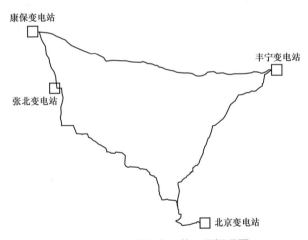

图 3-10　张北柔直示范工程概况图

3.3.5.2　张北柔直工程新建换流站边坡防护措施

1. 新建 ± 500kV 张北换流站

（1）地理位置、地形地貌。张北换流站站址位于张北县城以北约 20km 的公会镇西南侧 2km 处。

张北换流站位于内蒙古高原向松辽平原过渡地带，站址地形地貌属于微丘地貌，呈凸形坡，局部发育数个小型水泡子，地形大体由东南向西北倾斜，地面高程为 186～190.7m。

（2）换流站边坡防护措施。换流站站区围墙外采取了混凝土工程护坡防护面积 0.125hm²，护坡坡脚设置排水沟。

张北换流站站址围墙外混凝土护坡如图 3-11 所示。

图 3-11　张北换流站站址围墙外混凝土护坡

2. 新建±500kV 康保换流站

（1）地理位置、地形地貌。康保换流站址位于河北省张家口市康保县西南约 27km，李家地镇姚家滩村东南侧 1km 处。

康保换流站地貌类型为冲洪积平原，地形平坦，地面高程为 22.9～23.8m。

（2）换流站边坡防护措施。换流站站区围墙外西侧、南侧的填方段采用了混凝土预制块工程护坡防护面积 0.17hm²。

康保换流站站址围墙外混凝土护坡如图 3-12 所示。

图 3-12　康保换流站站址围墙外混凝土护坡

3. 新建±500kV 丰宁换流站

（1）地理位置、地形地貌。丰宁换流站站址位于河北省承德市丰宁县以北 28km 黄旗镇石栅子村。丰宁换流站地貌类型属于山地丘陵。站址场地主要为阶梯状农田，北高南低，自然地面坡度较大，场地南侧存在 30m 高差的陡坡，陡坡坡脚向南约 70m 处为乡村道路，其外侧有一季节性小河自西北向东南流过（目前无河水），乡村道路与陡坡坡脚之间均为平坦的农田。站址东、西和北侧发育有黄土冲沟。

（2）换流站边坡防护措施。换流站站区挖方边坡实施了挂网植草护坡并配套修建了马道截水沟、坡面纵向排水沟及坡脚排水沟；换流站外东侧、西侧和南侧填方边坡采取挂网植草措施，坡脚配套修建了混凝土排水沟措施。挂网植草护坡防护面积 4.37hm²。

丰宁换流站边坡防护总体布置图如图 3-13 所示，丰宁换流站边坡防护图如图 3-14 所示。

图 3-13　丰宁换流站边坡防护总体布置图

4. 新建±500kV 北京换流站

（1）地理位置、地形地貌。北京换流站站址位于北京市以北 70km 延庆区八达岭镇帮水峪村西北约 1.5km 处。

(a)   (b)

(c)

图 3-14 丰宁换流站边坡防护图

（a）丰宁换流站站内东北侧挂网植草护坡；（b）丰宁换流站站内北侧挂网植草护坡；
（c）丰宁换流站站外南侧挂网植草护坡

北京换流站位属山前坡地地貌单元，靠近山体处地形起伏很大。站址区南侧、西侧、西北角地势较高，呈"撮箕"状自中部向东北逐渐降低。地面标高为 592.2～627.8m。进站道路位于站址区东侧，沿线地形平缓，地面标高 592.1～597.9m。

（2）换流站边坡防护措施。

1）站区：换流站南侧、西侧和北侧挖方边坡采取了浆砌石护坡和混凝土骨架植草护坡，换流站填方边坡采取了单项土工格栅植草护坡，钢筋混凝土骨架植草护坡防护面积 1.22hm²。

2）进站道路区：进站道路两侧边坡采取了浆砌石护坡和混凝土骨架植草护坡措施，钢筋混凝土骨架植草护坡防护面积 0.37hm²。

北京换流站边坡防护图如图3−15所示。

图3−15 北京换流站边坡防护图

（a）西南侧骨架植草护坡；（b）西侧浆砌石及植草护坡；（c）西南侧浆砌石及植草护坡；（d）进站道路
骨架植草护坡；（e）进站道路骨架植草护坡；（f）进站道路骨架植草护坡浆砌石护坡

3.4 线路工程水土保持单基策划设计及应用

3.4.1 案例实施背景

随着国家环保水保政策发生巨大变化，环保水保设施改由建设单位自主验收，并受到行政主管部门的事中事后全覆盖监管，对特高压线路工程环保水保管理提出了更高的要求。目前，特高压工程已逐渐总结形成一套系统化、规范化的环保水保管理流程，同时也推动设计单位开展了水土保持专项设计，但由于线路工程路径较长、地形复杂多样，专项设计中也没有充分考虑不同塔基的不同特点、也没有形成统一的设计标准，在实际施工中仍旧存在诸如水土保持措施工程量与实际不符、水土保持措施缺乏有针对性、水土保持工程措施施工进度滞后等现象。

为解决以上问题，经国网特高压建设分公司牵头，行业内多家设计单位、水土保持监理及验收单位协同，对过往特高压线路工程中的水土保持措施及工程量进行分析统计，同时充分考虑不同塔基地质、基础型式、接腿方式的不同特点，最终设计出水土保持单基策划模板，能够实现将线路工程中各个塔基的关键信息巧妙地融合于一张表格中，数据清晰、一目了然，既方便各参建单位掌握单基塔基的所有信息，也能够作为监理、业主单位开展塔基环保水保措施执行情况监督的依据。

本模板已在蒙西—晋中工程、张北—雄安工程等特高压交流工程中进行了试用，取得了良好的应用效果，受到了现场各参建单位的广泛认可。其中，张北—雄安工程获评 2021 年度国家水土保持示范工程。

3.4.2 案例实施特点

（1）综合考虑不同标段塔基所处地形的地质条件、采用的基础形式以及余土处置方式等因素，共设计了两大类 6 种不同类型的模板，分别为：

第一类为平原、耕地区域，共包括 2 种模板，分别为台阶式基础型、灌注桩式基础型。

第二类为山丘区、林地或荒地区域，基础形式均为人工挖孔桩等原状土基础，共包括 4 种模板，分别为人工挖孔桩等原状土基础型、塔基内余土就地消纳型、塔基外挡土墙堆放余土型、余土外运综合利用型、挡土墙拦挡余土和余土外运综合利用型。

（2）单基策划模板中信息丰富，包含当前塔基基本信息、当前塔基区及施工道路区水保措施及施工顺序、当前塔基水保措施工程量和材料量详细数据、临时施工道路、余土外运及处理等相关协议文件的照片等。

（3）针对性强，可执行程度高，在设计阶段对塔基进行逐基设计、明确水土保持工程量及相应措施，帮助施工单位有效提高施工现场水土保持管理水平。

3.4.3 案例实施要点

3.4.3.1 确定水土保持措施工程量计列原则

针对以上 6 种情况，计列原则分别列明了塔基占地面积、水土保持工程措施、水土保持植物措施、水土保持临时措施计算原则。需要说明的是，该原则是参考编写工程设计文件确定，并经设计、监理、施工单位在施工前进行施工图与现场一致性核查，发现不符时应对施工图修改后确定单基策划内容，按图施工。

水土保持措施工程量计列原则见表 3-8。

表3-8　水土保持措施施工工程量计列原则

水保措施类别	基础混凝土量(m²)	土石方开挖量(m³)	永久占地面积(m²)	临时占地面积(m²)	表土剥离面积(m²)	表土剥离及回覆(m³)	浆砌石挡土墙(m³)	植生袋挡(m²)	编织袋临时拦挡(m²)	余土就地处理量(m³)	余土外运量(m³)	余土外运距离(m)	土地整治量(m³)	耕地恢复量(m³)	带状垫地(块)	沙障或草方格(m²)	泥浆沉淀池(座)	彩条布铺垫(m²)	密目网苫盖(m²)	钢板衬垫(m²)	金属围栏限界(m)	彩旗绳限界(m)	草原剥离及回铺(m²)	播撒草籽(m²)	种植灌木(株)
平原、耕地区域，台阶式基础，余土就地消纳			一般为：(根开+柱底宽度+2)×2 高低腿：按异形计算	1. 双回路：平原、单台地+25：台阶伸张+30；(根开+25m)：-永久占地；2. 单回路：平原：(根开+20m)：-永久占地；山区：(根开+14m)：-永久占地	永久占地区域、基坑口区域	剥离面积×厚度，30		按图：每立方用袋个(规格约为50cm×30cm)按表土20cm计	按临时挡拦需，每用m³袋33个	按图，一般约等于基础混凝土量			永久占地	永久+临时+道路	按图：梯田时采用	按图	每座容量约40m³，按砼量计算座数	按临时占地	按堆土面积取放大系数(1.1即可)	按道路长度	按坑口每边增加0.8m计算周长	按道路和临时占地周长	高寒地区剥离	永久区域	
平原、耕地区域，灌注桩基础，泥浆池深埋，余土就地消纳					永久占地区域、泥浆沉淀池区域	厚度：耕地30 山区10cm														按道路长度					
山丘区、林地或荒地，人工挖孔桩等原状土基础，塔基内余土就地消纳	按基础施工量	按照基坑开挖、道路修筑工程量			永久占地区域								永久+临时+道路					按临时占地						永久占地区域+临时占地区域+道路	永久占地区域+临时占地区域+道路
山丘区、林地或荒地，人工挖孔桩等原状土基础，塔基外挡土墙堆放余土					挡土墙及基坑区		按图											按临时占地							
山丘区、林地或荒地，人工挖孔桩等原状土基础，挡土墙和余土外运综合利用					挡土墙及推土区、基坑区					按图	按图，一般约等于基础混凝土量	一般取实际运输距离	永久+临时					按临时占地	同上					永久占地区域+临时占地区域	永久占地区域+临时占地区域

注：表中计算原则参考编写工程设计文件确定、施工前设计、施工图、监理、一致性确定，施工通过施工图与现场一致性检查，发现不符时应对应施工图内容，发现不符时应对应施工图修改后确定单基策划内容，按图施工。

3.4.3.2　形成水土保持措施工程量统计表

根据计列原则，分别计算出单基塔基的塔基占地面积以及水土保持措施工程量，并在水土保持措施工程量统计表中填写，并作为过程资料留存。

水土保持措施工程量统计表见表 3-9。

表 3-9　　　　　　　　　　水土保持措施工程量统计表

塔号	混凝土量(m³)	土石方开挖量(m³)	永久占地面积(m²)	临时占地面积(m²)	表土剥离面积(m²)	表土剥离及回覆(m³)	浆石挡土墙(m³)	植生袋永临挡(m³)	编织袋临时挡(m³)	余土就地处理量(m³)	余土外运量(m³)	余土外运距离(m)	十地整治量(m²)	耕地恢复量	带状整地(块)	沙障或草方格(m²)	泥浆沉淀池(座)	彩条布铺(m²)	密目网苫盖(m²)	钢板衬垫(m²)	金属围栏限界(m)	彩旗绳限界(m)	草皮剥离及回铺(m²)	播撒草籽(m²)	种植灌木(株)
4S029	126.5	542.5	731	2196	692	69.2	120	20	10	142.5	400	300	692	0	0	0	0	150	300	0	0	350	0	1321	549
合计	126.5	542.5	731	2196	692	69.2	120	20	10	142.5	400	300	692	0	0	0	0	150	300	0	0	350	0	1321	549

3.4.3.3　形成水土保持措施材料量统计表

根据对应塔基的水土保持措施工程量来列明所需材料明细及数量，包括但不限于编织袋、彩条布、密目网钢板、硬质围栏等。

水土保持措施材料量统计表见表 3-10。

表 3-10　　　　　　　　　　水土保持措施材料量统计表

XX-XX 1000kV 特高压交流变电工程线路 X 标水保措施材料量统计表														
塔号	编织(个)	植生袋(个)	彩条布(m²)	密目网(m²)	钢板(m²)	彩旗(m)	硬质围栏(m³)	草籽种类	灌木(株)	块石(m³)	砂(m³)	水泥(kg)	水(kg)	备注
4S029														
合计															

3.4.3.4 确定不同类型塔基区及施工道路区水保措施

1. 表土剥离

不同类型塔基区表土剥离措施见表 3-11。

表 3-11　　　　　　　不同类型塔基区表土剥离措施

平原、耕地区域	山丘区、林地或荒地区域
永久占地区域进行表土剥离，堆放于坑口附近合适位置，采取苫盖措施，剥离面积约 400m²、剥离厚度 30cm	对挡土墙开挖区、堆土区、基坑开挖区等进行表土剥离，剥离面积约 92m²、剥离厚度 10cm

2. 先拦后堆

不同类型塔基区先拦后堆措施见表 3-12。

表 3-12　　　　　　　不同类型塔基区先拦后弃措施对照表

平原、耕地区域	台阶式基础型	（1）表土装入植生袋对土堆坡脚采取临时拦挡堰体措施，再进行基坑开挖。 （2）余土彩条布衬垫后在坑口外 0.8m 起始堆放，余土堆放后用密目网等苫盖，边角用重物压盖
	灌注桩式基础型	（1）用表土装入植生袋对土堆坡脚采取临时拦挡堰体措施，再进行泥浆池开挖；开挖泥浆池，深度 2.5m、开挖土方 100m³，容渣量 80m³。 （2）余土在泥浆池坑口外 0.8m 起始堆放，余土苫盖，重物四角压盖。 （3）基坑开挖时泥浆和钻渣排放于泥浆池中，泥浆不得溢出泥浆池
山丘区、林地或荒地区域	塔基内余土就地消纳型	（1）将表土装入编织袋在永久占地坡下边沿建设永临结合拦挡堰体。 （2）将 126.5m³ 余土全部置于掩体内永久占地堆放，堆放厚度约 0.5m。 （3）施工过程中对临时堆土采用彩条布、密目网等苫盖，边角用重物压盖
	塔基外挡土墙堆放余土型	（1）将表土装入编织袋在挡土墙前部堆土区建设临时拦挡堰体。 （2）进行挡土墙基槽开挖，位于 AB 腿侧偏于 A 腿位置，长度 22m、宽度 1.5m、深度 0.5m，开挖出 16m³ 土石方堆放于临时拦挡掩体内；进行乙型浆砌块石挡土墙施工，设置挡土墙，长 22m，高 2.5m。 （3）挡土墙强度满足后进行基坑开挖，将 126.5m³ 余土全部置于挡土墙内堆放，堆放厚度约 2m、长度约 18m、宽度约 4m。 （4）施工过程中对临时堆土采用彩条布、密目网等苫盖，边角用重物压盖
	余土外运综合利用型	（1）表土装袋后在合适位置制作施工平台拦挡堰体。再进行基坑开挖。 （2）余土制作施工平台后，其余余土均使用索道运输至山下，综合利用（签订余土综合利用协议，用于龙尾头村张××修筑道路）
	挡土墙拦挡余土和余土外运综合利用型	（1）将表土装入编织袋在挡土墙前部堆土区建设临时拦挡堰体。 （2）进行挡土墙基槽开挖，位于 AB 腿侧偏于 A 腿位置，长度 22m、宽度 1.5m、深度 0.5m，开挖出 16m³ 土石方堆放于临时拦挡掩体内；进行乙型浆砌块石挡土墙施工，设置挡土墙，长 22m，高 2.5m。

续表

山丘区、 林地或 荒地区域	挡土墙拦挡余土 和余土外运综合 利用型	（3）挡土墙强度满足后进行基坑开挖，将 91.6m³ 余土全部置于挡土墙内堆放，堆放厚度约 2m、长度约 18m、宽度约 4m。 （4）施工过程中对临时堆土采用彩条布、密目网等苫盖，边角用重物压盖。 （5）其余余土均使用索道运输至山下，综合利用（签订余土综合利用协议，用于龙尾头村张××修筑道路）

3. 先护后扰

不同类型塔基区先护后扰措施见表 3-13。

表 3-13

不同类型塔基区先护后扰措施表

平原、耕地 区域	台阶式基础型	（1）在材料堆放和设备占压场地铺设一定数量的彩条布。 （2）控制扰动面积在设计范围内
	灌注桩基础型	
山丘区、 林地或 荒地区域	塔基内余土就地 消纳型	（1）在材料堆放和设备占压场地铺设一定数量的彩条布。 （2）对塔基区松木、灌木用土袋围护；控制扰动面积在设计范围内
	余土外运综合 利用型	
	塔基外挡土墙 堆放余土型	
	挡土墙拦挡余土 和余土外运综合 利用型	

4. 及时恢复

不同类型塔基区恢复见表 3-14。

表 3-14

不同类型塔基区恢复表

平原、耕地 区域	台阶式基础型	（1）基础施工完毕，对混凝土残渣等进行深埋或外运，做到工完料尽场地清。 （2）对堆土进行回填处理，再将基坑余土在塔基范围内堆放成龟背型（堆放土石边缘按 1:1.5 放坡），进行土地整治，将表土进行回覆。 （3）对临时占地和施工道路占地区域进行耕地恢复，达到耕作要求。 （4）永久占地区域播撒草籽（黑麦草和狗牙根混合草籽），密度为 0.8kg/100m²。
	灌注桩基础型	（1）基础施工完毕，对混凝土残渣等进行深埋或外运，做到工完料尽场地清。 （2）泥浆池沉淀、干化后距地表 0.5m，用余土掩埋，表土回覆后复耕。 （3）其他余土就地平整、土地整治，在永久占地范围内堆放成龟背形（堆放土石边缘按 1:1.5 放坡），坡脚一层植生袋拦挡防水土流失，表土回覆。 （4）永久占地范围播撒草籽（黑麦草和狗牙根混合草籽），密度为 0.8kg/100m²。 （5）对于临时占用耕地区域，施工结束后进行场地清理、凹坑回填，机械耕翻地后需满足作物生长需要。

山丘区、林地或荒地区域	塔基内余土就地消纳型	（1）基础施工完毕，对混凝土残渣等进行深埋或外运，做到工完料尽场地清。 （2）按要求开挖截排水沟，开挖出的余土堆放于永久占地堆土区；在永久占地范围内堆土进行土地整治，堆放成龟背形（堆放土石边缘按 1:1.5 放坡），坡脚一层植生袋拦挡防水土流失，表土回覆。 （3）对临时占地区域，进行土地整治。 （4）永久占地及临时占地损坏植被区域播撒草籽（黑麦草和狗牙根混合草籽），密度为 0.8kg/100m²
	塔基外挡土墙堆放余土型	（1）基础施工完毕，对混凝土残渣等进行深埋或外运，做到工完料尽场地清。 （2）按要求开挖截排水沟，开挖出的余土堆放于堆土区。 （3）对植被破坏区域进行土地整治，回覆表土，恢复植被。 （4）播撒草籽（黑麦草和狗牙根混合草籽），密度为 0.8kg/100m²；种植紫穗槐等灌木，种植密度为 25 株/100m²
山丘区、林地或荒地区域	余土外运综合利用型	（1）基础施工完毕，对混凝土残渣等进行外运，做到工完料尽场地清。 （2）将施工平台余土用索道运输到山下。 （3）将表土进行基坑小基面回覆。 （4）播撒草籽（黑麦草和狗牙根混合草籽），密度为 0.8kg/100m²
	挡土墙拦挡余土和余土外运综合利用型	（1）基础施工完毕，对混凝土残渣等进行深埋或外运，做到工完料尽场地清。 （2）按要求开挖截排水沟，开挖出的余土堆放于堆土区。 （3）对堆土进行土地整治，将表土进行回覆。 （4）播撒草籽（黑麦草和狗牙根混合草籽），密度为 0.8kg/100m²；种植紫穗槐等灌木，种植密度为 25 株/100m²

5. 施工限界

不同类型塔基区域施工限界对照表见表 3-15。

表 3-15　　　　　　　不同类型塔基区施工限界对照表

平原、耕地区域	山丘区、林地或荒地区域
对施工场地边界用彩旗、三角旗等方式进行限定范围，不得随意超出范围增加扰动	

6. 施工道路水保措施

不同类型塔基区施工道路水保措施对照表见表 3-16。

表 3-16　　　　　　不同类型塔基区施工道路水保措施对照表

| 平原、耕地区域 | 台阶式基础型 | （1）新建施工道路 200m，宽度 3m，坡度 3°。
（2）用钢板对新建道路进行铺垫。
（3）对道路两侧用彩旗、三角旗等方式进行限定通行范围，不得随意超出范围行车及扰动。
（4）工程施工完毕，拆除钢板；耕地进行复耕恢复 |
| | 灌注桩式基础型 | |

山丘区、林地或荒地区域	塔基内余土就地消纳型	（1）新建施工道路 200m、宽度 3m，坡度 10°。 （2）对新建施工便道进行表土剥离（每米约 3m²、厚度 10cm），剥离后表土（每米道路约 0.3m³）装入植生袋于道路下山坡侧路边形成拦挡堰体。多余表土堆放于堰体内侧并苫盖。
	塔基外挡土墙堆放余土型	（3）进行道路土石方开挖（每米路约 2m³），余土（约 400m³）全部外运综合利用，严禁随意丢弃。 （4）在上坡侧路边开挖临时排水沟进行排水，排水沟出水口处做好散水面（八字口或沉砂池等、与自然沟道顺接设施）。 （5）对道路两侧用彩旗、三角旗等方式进行限定通行范围，不得随意超出范围行车及扰动。 （6）工程施工完毕，将表土覆盖于道路上进行植被恢复
	余土外运综合利用型	（1）索道运输距离 1200m、支架 15 个。 （2）用支架坐落位置进行表土剥离。
	挡土墙拦挡余土和余土外运综合利用型	（3）对支架坐落位置进行土地整治。 （4）工程施工完毕，拆除支架。对支架坐落位置进行表土回覆及植被恢复

3.4.3.5　形成水土保持单基策划表

将当前塔基环保水保施管理所用到的所有关键信息融合于一张表格中，主要包含：

（1）当前塔基基本信息：包括原生地质条件、塔位号、坡度、塔基及基础形式、接腿方式等，包括塔基平面布置图及原始地貌照片。

（2）当前塔基区、施工道路区水保措施及施工顺序。

（3）经计算后的当前塔基水保措施工程量和材料量详细数据。

（4）临时施工道路、余土外运及处理等相关协议文件的照片。

水土保持单基策划表如图 3-16 所示。

3.4.4　案例实施效果

张北—雄安特高压交流工程依托以上单基策划模板，针对不同地形地貌、施工工艺、塔型、基础形式，对变电站及输电线路塔基区工程措施、植物措施及临时措施进行了详细的水土保持施工设计，包括施工现场布置、施工时序、施工要点及方法等，组织参建单位现场实地探勘 185 次，完成塔基基础环保水保单基策划和设计图纸的修订，形成工程"水土保持一基一案"。针对施工过程

图3-16 水土保持单基策划表

4S029	山丘	15°	岩石	林地	松树、灌木、杂草	人工挖孔桩	双回钢管塔	高低腿

塔基区水保措施（余土挡土墙内堆放）：

（1）表土剥离：对表土墙开挖区、堆土区、基坑开挖区等进行表土剥离，剥离面积约92m²，剥离厚度约10cm。

（2）先挡后堆：堆土区表土装入编织袋在挡土墙前部堆砌拦挡墙体，建临时拦挡墙体；进行乙型浆砌块石挡土墙施工，位于AB腿侧偏右A腿位置，长度22m，高2.5m。宽度0.5m。深度1.5m。开挖坑16m³土石方堆放于临时挡土墙掩体内，将126.5m³余土在挡土墙内堆放，设置挡土墙，长22m，宽度约2m，高度约4m。施工过程中对临时堆土采用彩条布，边坡用重物压盖。

（3）先护后扰：在材料堆放和设备占压一定数量的彩条布，密目网覆盖。对混凝土完毕，堆放出的余土在设计范围内，控制扰动面积在设计范围内。

（4）及时恢复：基础施工完毕，对混凝土完毕，对堆土进行土地整治，做到工完料尽场清，开挖反边坡修筑排水沟。按要求开挖截排水沟，种植基区松木，灌木用土袋回护，种植紫穗槐等灌木。种植密度为25株/100m²；播撒草籽（黑麦草和狗牙根混合草籽），密度为0.8kg/100m²。

施工道路环水保措施（汽车运输、简易便道）：

（1）新建施工道路200m，宽度3m，坡度15°。

（2）对新建施工便道进行表土剥离（每米长约3m²，厚度10cm），剥离表土堆放于掩体内并苫盖。

（3）进行道路土石方开挖（每米道路约2m³），余土（约400m²）全部外运综合利用（用于龙尾头张××铺热房场，严禁随意丢弃。

（4）在道路侧沟边开挖进行排水，排水沟出水口处做好散水面。

（5）对道路两侧用彩旗、三角旗等方式进行拦挡限定通行范围，不得随意超出范围行车及扰动。

（6）工程施工完毕，将表土覆盖于道路上进行植被恢复。

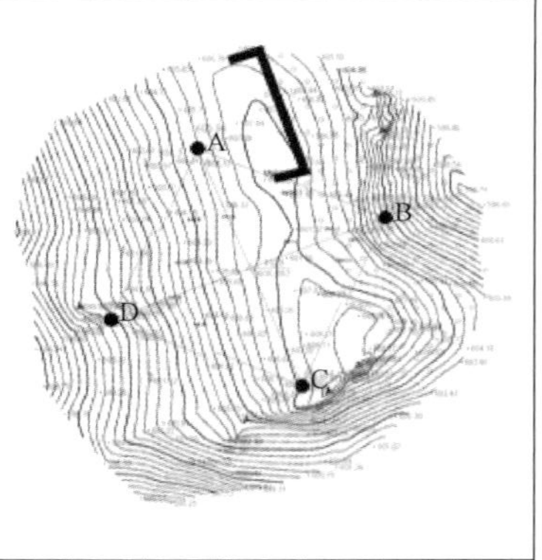

工程量统计	混凝土量(m³)	土石方开挖量(m³)	永久占地面积(m²)	临时占地面积(m²)	表土剥离面积(m²)	浆砌石挡土墙(m³)	表土覆盖及回覆(m³)	植生袋临时挡(m³)	编织袋临时挡(m³)	余土就地处理量(m³)	余土外运量(m³)	余土外运距离(m)	土地整治量(m²)	耕地恢复量(m²)	带状整地(块)	沙障或草方格(m²)	泥浆沉淀池(座)	彩条布铺垫(m²)	密目网苫盖(m²)
基区	125.5	142.5	731	1595	92	9.2	120	0	10	142.5	0	0	92	0	0	0	0	150	200
施工道路区				600				20			400	300	300	692					100
合计	125.5	542.5	731	2196	692	69.2	120	20	10	142.5	400	300	692	692	0	0	0	150	300

水保措施材料用量	种植灌木(株)	播撒草籽(m²)	草皮剥离及回铺(m²)	彩旗绳(m)	金属围栏限界(m)	钢板衬垫(m²)
基区	399	721	0	150	0	0
施工道路区	150	600	0	200	0	600
合计	549	1321	0	350	0	0

水保措施材料用量		
金属围栏(m)	330	
编织袋(个)		
植生袋(个)	600	
彩条布(m²)		
密目网(m²)		
1.5m×2.4m钢板(块)		
彩旗(m)		
草籽(kg)	10	
块石(m³)	150	
砂(m³)	300	
水泥(kg)	200	
水(kg)	350	

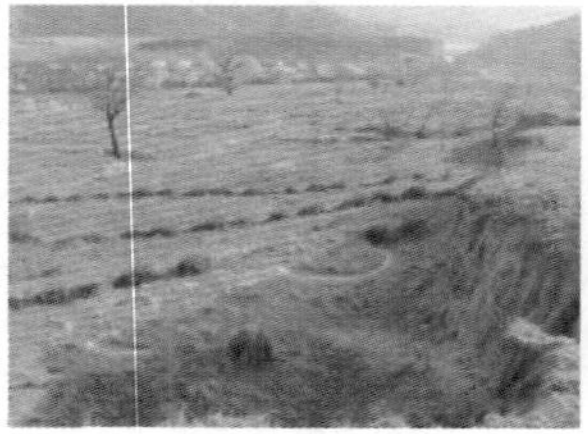

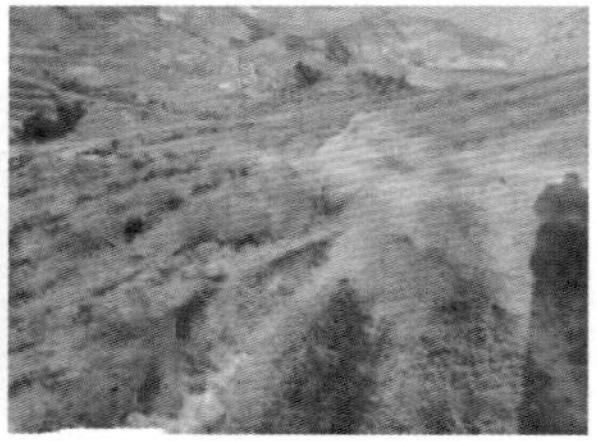

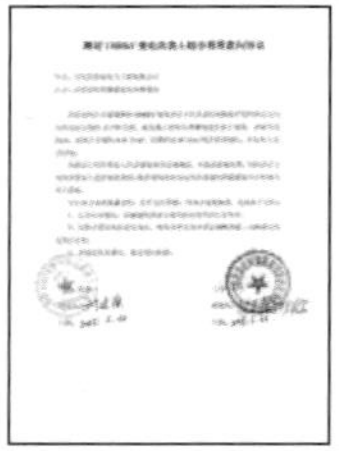

原始照片及附图

中的施工材料、机械设计进行详细的规划和控制，保障了水土保持施工工作的顺利进行，为最终工程顺利通过水保验收奠定了基础。

实际应用效果如图 3-17～图 3-22 所示。

图 3-17 平原、耕地区域—台阶式
基础型—实际应用效果

图 3-18 平原、耕地区域—灌注桩式
基础型—实际应用效果

图 3-19 山丘区、林地或荒地区域—塔基
内余土就地消纳型—实际应用效果

图 3-20 山丘区、林地或荒地区域—塔基
外挡土墙堆放余土型—实际应用效果

图 3-21 山丘区、林地或荒地区域—余土
外运综合利用型—实际应用效果

图 3-22 山丘区、林地或荒地区域—挡土
墙拦挡余土和余土外运综合利用型—
实际应用效果

3.5 线路工程机械化施工道路水土保持技术要点及应用

3.5.1 案例实施背景

随着特高压工程不断地建设，一线施工人力资源的减少，为减少施工中安全事故的发生，有效缩短施工周期，机械化施工成了一个必然趋势。由于机械化施工需要将大型设备运送至塔基施工区域，修建施工便道也成了一项必要工作。2018年5月，习近平在全国生态环境保护大会上将生态文明建设从十九大报告提出的"千年大计"又进一步提升为"根本大计"。习近平还首次提出要加快构建生态文明体系的"五个体系"。进一步明确了生态环境保护的根本性、基础性地位。近年国家对生态文明建设上升至一个新的高度，但机械化施工道路的修筑必然会对原有生态造成破坏。为响应国家政策把特高压工程打造为生态文明工程，做好机械化施工道路修建水土保持和恢复治理工作是具有重要意义的。

南昌—长沙1000kV特高压工程九标全部塔基采取机械化施工，施工中所有塔基均修建了施工道路。九标全线111基铁塔施工道路全长21.09km，道路平均宽度4.5m，道路（不含溜坡）面积9.49hm²，道路（含溜坡）面积13.89hm²。施工道路扰动面积较大，植被恢复工作无疑是水土保持工作的重中之重。

3.5.2 机械化施工道路技术指标

机械化施工道路级别达到四级道路即可，四级路技术指标如下：

平原微丘：计算行车速度为 60km/h，行车道宽度为 3.75m，路基宽度一般值为 7.5m，变化值为 7.0m，极限最小半径为 38m，停车视距为 40m，最大纵坡为 9%。

山岭重丘：计算行车速度为 20km/h，路面宽度为 4.5m，极限最小半径为 25m，停车视距为 20m，最大纵坡为 9%，最小纵坡为 0.3%。

四级路控制坡度 10%以内，最好 9%以下。挖填局部 4、5m 皆可，坡长不用特别在意，位于海拔 2000m 以上或积雪冰冻地区的路段，最大纵坡不应大于 8%，正常使用年限为 5 年。机械化施工道路如图 3–23 所示。

图 3–23　机械化施工道路

3.5.3　机械化施工道路水土保持技术要点

做好施工道路植被恢复工作必须把握三个环节——施工前准备工作、施工中防护工作、施工后恢复工作。

3.5.3.1　施工前准备工作

道路施工前各项路径规划、土石方调配方案、表土剥离为前期重点工作。做好此项工作可大大减少扰动面积和后期恢复难度。

1. 路径规划

确定塔基位置后，在满足四级路的设计要求下，尽量选择最短路径，减少对原地貌扰动破坏。路径选择不当，导致扰动面积增加如图 3-24 所示。

图 3-24　路径选择不当，导致扰动面积增加

2. 土石方调配

道路修建中做好挖方边坡和填方边坡土石方调配尤为重要，处理不当很容易造成大范围溜坡流渣现象，对生态环境破坏较为严重。因此修筑前要做好地形考察和测量工作，尽量能将挖方边坡余土调配至填方段。对于挖方量较大的区域或者无法调配的情况，应该提前确定土方中转场地。土方调配不当导致溜坡如图 3-25 所示。

图 3-25　土方调配不当导致溜坡

3. 防护措施设计

施工前最好有专业设计单位对施工道路设计水土保持专项施工方案，做好表土剥离、临时排水沟、临时苫盖、边坡植被恢复等工作。

未采取临时排水沟导致道路冲刷严重如图 3-26 所示，未进行表土剥离导致植被恢复工作难以实施如图 3-27 所示。

图 3-26　未采取临时排水沟导致
道路冲刷严重

图 3-27　未进行表土剥离导致植被恢复
工作难以实施

3.5.3.2　施工中防护工作

机械化施工道路水土流失主要发生在施工期，做好施工中各项水土保持防护措施至关重要，尤其是挖方路段余土处理。

（1）施工中严格按照设计文件完成相应防护措施。如：道路修筑前进行表土剥离，结合现场实际情况做到应剥尽剥，并选取合适位置集中堆放表土采取临时苫盖和拦挡措施，工期较长时应采取撒播草籽等植物措施相结合；按设计要求在道路两侧修建截排水沟，末端布设消能设施并顺接至植被茂盛的原始沟道；边坡采取临时苫盖和坡脚拦挡措施，并及时采取植被恢措施。

（2）做好土方调配工作。尽量做到挖方段余土填筑填方段，必要时设置临时土方中转场，严禁顺坡溜渣。

（3）定期对水土保持措施做好维护工作。比如及时对排水沟清淤，填平夯实路面冲沟；及时更换破损的绿网、编织袋；对植被覆盖率成活率较低区域及时补植补种。

3.5.3.3　施工后恢复工作

施工结束后道路恢复情况直接决定能否通过水土保持专项验收及水行政主管部门的核验。主要分为两大类：一是签订移交手续的道路，此类型道路仍需对道路边坡进行植被恢复，对道路冲沟进行填平夯实，严禁带病移交；二是无移交手续的道路，此类型道路需对所有扰动范围进行恢复原地貌。原地貌为林地、草地或荒草地的，按照适地适树的原则，恢复林草措施。施工中对道路边坡采取撒播草籽，临时苫盖措施如图3-28所示。

图3-28　施工中对道路边坡采取撒播草籽，临时苫盖措施

1. 土地整治

开发建设项目水土保持工程中的土地整治是指对因生产、开发和建设损毁的土地，进行平整、改造、修复，使之达到可开发利用状态的水土保持措施。土地整治的重点是控制水土流失，充分利用土地资源，恢复和改善土地生产力。

（1）路面土地整治。施工道路路面坡度较缓一般采取土地整治，土地整治工程包括：一是凹坑回填，一般应利用废弃土石对道路冲沟坑洼处进行回填整平，并覆土加以利用，也可根据实际情况，直接改造利用；二是整治后的原地貌类型确定恢复方向，比如耕地恢复为耕地、林地恢复为林地。

1）回填工程。回填工程回填物应首先考虑弃土、弃石和弃渣，并力求做到"挖填平衡"。对道路冲沟坑洼处采取回填措施，尽量减少高差和汇水面积。

2）整平工程。回填结束后开始整平工程，以待覆表土。

3）覆土工程。土地平整工作结束之后，即可覆表土，表土量不足时需要外购熟土。恢复草地时至少覆土10cm，恢复林地时至少覆土30cm。

（2）道路边坡整地。道路边坡一般较陡，宜采取水平阶整地或鱼鳞坑整地。

1）水平阶整地。水平阶在石质山地、黄土山地的缓坡和中等坡均适用。一般在山石多、坡度大（10°～25°）的坡面上采用。水平阶是沿等高线自上而下、里切外垫修筑成的台面，台面水平或者稍微向内倾斜，有较小的反坡。水平阶上下两阶间的水平距离，以设计的造林行距为准。各水平阶间斜坡径流应在阶面上能全部或大部容纳入渗，以此确定阶面宽度或阶边梗。阶面宽因地而异，石质山地为 0.5～0.6m，土石山地及黄土地区 1.5m；阶的外缘培修土埂；阶长一般为 1～6m，因地形条件而定。

水平阶沿等高线布设，阶面水平，阶坎外坡自然溜土坡度 42°～45°，阶内后坎坡度 70°～75°。假定原坡面坡度为 α，软梗坡度为 β，坎高为 H，B 为阶面水平净宽，L 为隔坡宽度，K 为聚流比，则

$$B = 2H(\cot\alpha - \cot\beta) \qquad (3-1)$$
$$L = KB$$

即：依据聚流比 K 值和有关参数确定 B、L 的关系尺寸，水平阶面宽一般不小于 1.5m，灌木纯林不小于 1.2m。

在坡面上自上而下，每隔 3～5m，沿等高线修筑阶面，阶面宽度随坡度大小和栽植树种而变，坡度小的阶面较宽，反之较窄，一般为 1～1.5m，树苗植于阶面中间。

台面修筑后沿水平阶覆土，每隔 1m 栽植乔木，并撒播草籽。

水平阶整地断面示意图如图 3-29 所示。

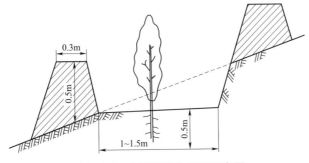

图 3-29　水平阶整地断面示意图

2）鱼鳞坑整地。鱼鳞坑是一种水土保持造林整地方法，在较陡的梁峁坡面和支离破碎的沟坡上沿等高线自上而下地挖半月形坑，呈品字形排列，形如鱼

鳞，故称鱼鳞坑。鱼鳞坑具有一定蓄水能力，在坑内栽树，可保土保水保肥。

降雨量较少的干旱地区，风化料较多的土质，鱼鳞坑内水量积存少，存水时间短，及抗涝能力强的大苗，应按规范中规定的栽入坑中距下浴 0.2～0.3m 处。对降雨量较多，土壤渗透能力弱的土壤和鱼鳞坑内水量积存多，时间长，抗涝能力弱的小苗，鱼鳞坑的坑底应顺山坡修成 150°～20° 坡度，苗木栽种在坑中上部，以免明水浸淹苗木。对坡间台地、下渗水流出露地块，可采用鱼鳞坑与植树分离的方法，即把树栽植在鱼鳞坑之间的坡地上，以免给苗木造成涝害。设置位置按照《虹鳟养殖技术规范 第 2 部分：亲鱼培育技术》（DB/T 157.2—2008）中 5.3.1 的有关规定执行，鱼鳞坑呈"品"字形排列，每亩设置的坑数按栽植的树种确定。开挖面呈半圆形，长径 100～120m，短径 70～100m，深 50～70cm，土梗高 15～20cm，埂顶宽 10cm。鱼鳞坑修筑后坑内覆土栽植苗木，并撒播草籽。鱼鳞坑整地示意图如图 3-30 所示。

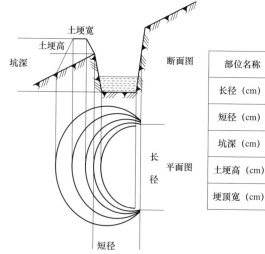

部位名称	鱼鳞坑
长径（cm）	70～100
短径（cm）	50～70
坑深（cm）	40～60
土埂高（cm）	30
埂顶宽（cm）	20

图 3-30　鱼鳞坑整地示意图

2. 苗木、草籽质量要求

（1）选择 I 级苗木、种子，并要有一签（标签）三证（植物检疫证、质量检验合格证、生产经营许可证）以确保苗木、种子质量。

（2）乔木树种选用 2 年以上的实生壮苗，苗高 1.5～3.0m；灌木树种选用 2 年以上的实生壮苗，灌丛高 0.4～0.8m；草种选用当年收获且籽粒新鲜饱满、纯度 95%以上，发芽率在 85%以上的种子。草皮选择优质狗牙根草皮，且要求生长状态良好，无病虫害。确保在设计水平年中，乔木的平均投影面积大于 9m²，灌木的平均投影面积大于 1m²。

（3）苗木应是未受冻害、未损伤、根系较完整、失水少且经过较短时间和距离运输的苗木，尤其以附近苗圃繁育的优质壮苗为佳，同时苗木购买时应带土球保持成活率，土球的直径应为苗木直径的 6 倍且不小于 10cm；草坪出草播后洒水，保持土壤湿润至全部出苗。

3. 种草要求

（1）种子处理：播种前，种子应进行去杂、精选，保证播下的是优质种子。浸种、消毒、去芒、摩擦（轻度擦破种皮），有利种子出苗，防止病虫害和鼠害。有条件的播种时可采适量肥料拌种，有利幼苗生长。

（2）播种时间：春播需地面温度回升到 12℃以上，土壤墒情较好时进行；春旱不宜播种的地方，可以夏播；选在雨季来临和透雨后进行。地下根茎插播应在抽穗以前进行；秋播不宜太晚，要求出苗后能有一个月左右的生长期。

（3）播种深度：播种深度一般为 1～5cm。播种深度：湿润土壤为 1.5～2.0cm，干旱时播种深度为 2.0～3.0cm。

（4）植草采用人工撒播或植草皮的方法。撒播方法即将草籽按设计的撒播密度均匀撒在整好的地上，然后用耙或耱等方法覆土埋压，覆土厚度一般为 0.5～1.0cm，撒播后喷水湿润种植区。草皮运输过程中，遇晴天应直接向草皮洒水，避免根系脱水。

（5）种草方式。种草地段主要为植被需恢复段，种草方式适宜条播种植，用牲畜带犁沿等高线开沟，或牲畜带耱完成。条播间距为 15cm 条播。

（6）播种量。选用国家或省级牧草种子标准规定的一、二级种子基础上，确定播种量。

1）理论播种量。当种子的纯净度和发芽率都是 100%时，所需的播种量为理论播种量，以 kg/hm² 计。

a. 理论播种量按式（3-2）进行计算：

$$R = (N \times Z) / 10^6 \qquad (3-2)$$

式中　　R ——理论播种量，kg/hm²；

　　　　N ——单位面积播种子数，粒/hm²；

　　　　Z ——种子千粒重，g。

b. 种子千粒重的确定。取有代表性的种子 1000 粒，称其质量测定。

如是大粒种粒，可改为百粒重，并将计算公式作相应的修改。

$$R = (N \times Z') / 10^5 \qquad (3-3)$$

式中　　Z' ——种子百粒重，g。

2）实际播种量。

a. 实际播种量按式进行计算：

$$A = R / CF \qquad (3-4)$$

式中　　A ——实际播种量，kg/hm²；

　　　　R ——理论播种量，kg/hm²；

　　　　C ——种子的纯净度，%；

　　　　F ——种子的发芽率，%。

b. 种子纯净度的测定。取有代表性的种子样品，在除去杂质和其他种子前后分别称重，并用式（3-5）计算其纯净度：

$$C = W_c / W_Y \times 100\% \qquad (3-5)$$

式中　　C ——种子纯净度，%；

　　　　W_c ——纯净种子质量，g；

　　　　W_Y ——样品质量，g。

c. 种子发芽率的测定。取 100 粒种子，放在有滤纸或沙的培养皿中，加少许清水，保持 20~25℃温度和充足的光照，进行发芽试验，在规定时间内检查发芽子数，并用式（3–6）计算其发芽率：

$$F = Q_F / Q_{X \times 100}$$ (3–7)

式中 F——种子发芽率，%；

Q_F——发芽种子数，粒；

$Q_{X \times 100}$——试验种子数，100 粒。

为了提高种草成活率，尽快恢复原地貌植被，播种时要加大播种量。确定本次设计播种量为 45～60kg/hm²。

（7）管理。播种后要对地面板结的，及时进行松土，以利出苗，出苗后，对缺苗断垄地方应及时补种或移栽；苗木出土 1 个月以后，要中耕松土，抗旱保墒；派出专人看管，防止人畜践踏，发现病虫害，及时进行防治；确定收割时间，分期进行轮收；严禁放牧。

（8）种草成果。种草覆盖度当年达到 30%，三年后不得低于周边草地覆盖度。

4. 苗木栽植要求

（1）造林时间。尽可能在前一年秋冬二季整地，第二年春秋二季栽植，以利于容蓄雨水，促进生土熟化。

1）春季。应根据树种的物候期和土壤解冻情况适时安排造林，春季一般应在苗木萌动前 7～10 天造林，一般在树木发芽前完成。

2）雨季。适宜小粒种子播种造林和容器苗造林。要注意雨情动态，适时造林。应尽量在雨季开始后的前半期造林，保证新栽或直播的幼苗在当年有两个月以上的生长期，以利安全越冬。干旱、半干旱地区应结合天气预报，尽量在连阴天墒情好时造林。

3）秋冬。冬季无冻拔危害的地区，可在秋末冬初栽植。秋季适宜阔叶树植苗造林和大粒、硬壳、休眠期长、不耐贮藏种子的播种造林。秋季应在树木停止生长后和土地封冻前抓紧造林，冻害严重的山区不宜秋季造林。

（2）苗木出圃。

1）选苗时要就近调用当地苗圃的苗木，起苗前必须提出选用苗木的规格标准，并严格按照标准要求起壮苗、好苗，防止弱苗、劣苗、病苗等混入。

2）起苗时间要与造林季节相配合。除雨季造林用苗，随起随栽外，秋季苗木生长停止后起苗，春季苗木萌动前起苗。

3）苗木出土前2～3d应浇水，起苗后分级、包装、运送，整个过程需注意根部保湿，防止受冻和遭受风吹日晒。

4）起苗要达到一定深度，要求做到：少伤侧根、须根，保持根系比较完整和不折断苗干，不伤顶芽（萌芽力弱的针叶树）；根系最少保留长度要达到《主要造林树种苗木质量分级》（GB 6000—1999）的规定。

5）起苗后要立即在蔽荫无风处选苗，剔除废苗。分级统计苗木实际产量。在选苗分级过程中，修剪过长的主根和侧根及受伤部分。

6）不能及时移植或包装运往造林地的苗木，要立即临时假植。秋季起出供翌春造林和移植的苗木，选地势高，背风排水良好的地方越冬假植。越冬假植要掌握疏摆、深埋、培碎土、不透风。假植后要经常检查，防止苗木风干、霉烂和遭受鼠、兔危害。在风沙和寒冷地区的假植场地，要设置防风障。

7）运输苗木要做到保持根部湿润不失水。在包装明显处附以注明树种、苗龄、等级、数量的标签。苗木包装后，要及时运输，途中注意通风。不得风吹、日晒，防止苗木发热和风干，必要时洒水保湿。

8）外地远距离、大范围调运苗木，应经过植物检疫。

9）栽植前应对树苗进行挑选。用于造林的树苗必须发育良好，根系完整，基茎粗壮，顶芽饱满，无病虫害，无机械损伤。同一地块内栽植的树苗，要求苗龄和苗木行长状况基本一致。

（3）栽植。乔木挖穴径35cm×坑深40cm的圆坑进行穴状整地。栽植时扶正树苗，舒展根系，深浅适宜。阔叶树进行适当修剪根系，针叶树要特别保护好顶芽和毛根。树苗栽植后及时浇灌"保苗水"，再覆膜保墒。乔木采用穴植方法，在栽植时应注意其栽植的技术要点，即"三填、两踩、一提苗"，栽植深度一般以超过原根系5～10cm为准。种植工序为：放线定位—挖坑—树坑消毒—回填种植土—栽植—回填—浇水—踩实；苗木定植时苗干要竖直，根系要舒展，深浅要适当；填土一半后需提苗踩实，最后覆上虚土。

（4）其他：

1）按照设计的株距，挖好植树坑，根据不同树种和树苗情况，以根系舒展为标准。

2）栽植时应将树苗扶直，栽正，根系舒展，深浅适宜。

3）填土时应先填表土、湿土，后填生土干土，分层踩实。

4）为了防止运送过程中损伤苗木，在起苗时增运 5% 的苗木。

（5）幼林抚育。幼林抚育管理：主要措施包括补植、松土、除草、灌水、修枝和平茬。对于成活率低于 85% 的林地要进行苗木补植，同时要封禁保护，禁止放牧和人为破坏，做好病虫害防治工作。幼林第一年抚育 2 次，第二、三年各抚育 1 次。

草地抚育管理：草籽播种后要对地面板结的，及时进行松土，以利出苗；出苗后，对缺苗断垄地方应及时补种或移栽；表层可覆盖无纺布，保证不受雨水冲刷；要有专人看管，抗旱保墒，防止人畜践踏，发现病虫害，及时进行防治，严禁放牧。

（6）造林成果要求。造林完成施工后 1~3 年内采用标准地调查方法测定其成活率，标准地应占总林地的 5% 以上，确定评价标准为平均造林成活率在 70% 以上。造林成活率在 70% 以上时，不需补植；成活率在 30%~70% 的，或虽达到 70% 以上，而呈块状死亡者，均应进行补植。成活率不到 30% 的，重新造林。补植工作应在造林后一年内进行，并应进行局部整地，选用大苗或同龄苗木，精心栽植。最终保存率不得低于 70%。

3.5.4　效益分析

机械化施工道路水土保持工作需要贯穿整个施工中，且需环环相扣。任何环节出现问题都将会影响后期验收，必然增加人力物力财力的投入。例如，施工前土方调配不当、施工专项方案深度不够，很容易导致施工中产生大面积溜坡现象。具体会产生以下负面效益：

（1）治理费用增加。据统计，顺坡溜渣 1000m²，治理费用约 10 万元。对于坡度较大边坡必要时需要采取新技术进行治理恢复溜坡，如三维植被网护坡、喷混植生护坡、格构防护边坡、喷锚支护边坡等措施，治理费用将更加昂贵。

（2）面临水行政主管部门处罚。随着近年来水利部"强监管"的实施，水行政主管部门通过天地一体化、图斑复核、现场督查等方式开展监管工作，对于大面积溜坡采取罚款停工等处罚方式。

（3）影响水土保持专项验收。由于溜坡治理难度大，恢复周期长，很有可能会导致水土保持验收滞后。

因此，做好机械化施工道路水土保持工作不但有经济效益，而且能有力地保证特高压水土保持工作符合"三同时"要求，也符合国家生态文明建设要求。

3.5.5　总结分析

随着机械化施工的推进，施工道路逐渐成了水土保持的又一重点工作。由于施工道路不属于特高压工程建设中主体内容，施工单位水土保持工作重点偏向于塔基区，对道路修筑的环保水保意识较为薄弱。但其路线长，扰动面积大，地形复杂，一旦破坏治理恢复较难。建议在今后工程中建设单位能够将施工道路修筑计列专项资金，并协调设计单位制定道路专项施工方案，做到预控为主，治理为辅。

3.6　天地一体化巡查技术及应用

3.6.1　技术实施背景

电网建设项目具有工程路径长、地形复杂、气象条件复杂、涉及生态敏感区多等特点，其环保水保管理工作任务艰巨，现场监管核查费时费力且存在较高的危险性和技术难度。同时由于新时期环保水保相关政策的调整，对工程建设环保水保管理提出了更高要求，工程环保水保管控意义重大。目前，建设阶段内部管控主要依靠人工现场监管，耗时长、效率低且覆盖面窄，暂无有效的信息化监管手段，建设单位对于存在的问题难以做到及时发现、及时督导参建单位进行整改闭环，不仅影响自主验收工作的顺利开展，而且在国家主管部门核查中存在极大隐患，亟待引入新技术加强环保水保管控，形成系统全面的工作机制和技术体系。

天地一体化巡查技术研究国产高清卫片、无人机航摄、倾斜摄影、数码照片在环保水保监管工作中应用的技术方案，能够全面、真实地掌握工程建设环保水保落实情况。为施工过程重大土地扰动预警、环保水保与主体工程同步验收提供技术支撑，能够及时敦促施工单位进行整改，督促环保水保监测、验收单位开展工作，为环保水保单位考核提供决策依据。天地一体化巡查技术加强了特高压工程环保水保监督管理，进一步完善特高压工程环保水保管理工作体系，能进一步提高环保水保管理工作效率，降低工作强度，深化环保水保管理工作内容，适应新时代特高压工程建设管理需要，是国家电网有限公司践行生态文明建设理念的具体体现。

为深入贯彻国家电网绿色发展理念，聚焦"六精四化"推进电网高质量建设，天地一体化巡查技术基于互联网＋、遥感、人工智能等技术手段，打造电网工程环保水保专业化信息平台，实现环保水保信息共享，推进工程建设前期、施工阶段、竣工验收全过程环保水保管控，推动环保水保措施落实，降低环境影响，助力"双碳"目标落地。

3.6.2　技术实施特点

（1）天地一体化巡查技术覆盖面广，提高了环保水保工作效率，降低了工作强度，产生巨大的社会和环保效益；且操作简单，工作模式可推广性高。

（2）多种数据源包括卫星影像、无人机摄影、数码照片等，能准确掌握现场情况，同时方便追溯历史影像。

（3）采用倾斜摄影测量技术辅助环保水保巡查，构建高精度真三维模型，多视角反映现场环保水保措施的落实情况。

（4）通过遥感解译、现场核查、移动数据采集等方式，推动生产建设项目天地一体化监管，生态环境监管、水土保持监管全覆盖。

3.6.3 技术实施原理

天地一体化巡查技术结合环保水保工作要求，应用高清卫片、无人机航摄、倾斜摄影、数码影像等遥感手段，通过遥感解译、现场核查、移动数据采集等方式开展环保水保相关工作，如图 3-31 所示。在开工前、施工中和竣工验收阶段实施 3 次巡查工作，获取高清卫星影像及无人机航拍影像，对高清卫星影像和无人机航片进行数据处理、遥感解译，分析塔基扰动情况、施工道路扰动情况、房屋拆除及迹地恢复情况，对分析结果进行可视化展示与分类统计。在竣工验收阶段，选择重点区域，进行倾斜摄影航拍，通过专业软件以并行处理方式完成试验区段的实景三维建模，结合设计资料，分析护坡、挡土墙、排水沟等工程措施实施情况，塔基扰动情况，弃土、弃渣处理情况。以卫片、航片、

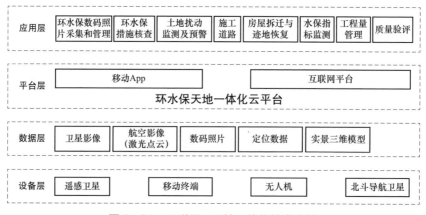

图 3-31 互联网 + 天地一体化技术路线

设计资料等为基础，以影像解译为手段，对环保水保工作落实情况进行专业判读、对比分析，形成分析报告，辅助业主对环保水保工作进行监督，为环保水保竣工验收工作提供客观依据。同时，在施工过程管控中，采用智能手机 App的方式，根据施工过程中环保水保措施的要求与数据影像采集要求，实时采集施工过程中环保水保的落实情况照片及竣工验收时的照片，加强施工过程的管理，提高竣工验收资料搜集效率。

3.6.4 技术实施要点

3.6.4.1 基于卫星影像的大范围监测

在基础施工向组塔施工转序阶段、架线即将完成阶段，获取全线亚米级高清卫星影像，如图 3-32 所示，对高清卫星影像进行数据处理、遥感解译，分析塔基扰动情况、施工道路扰动情况、房屋拆除及迹地恢复情况，对高清卫片和分析结果进行可视化展示与分类统计。

图 3-32 卫星遥感影像

3.6.4.2 基于无人机的精细化监测

以高清卫片在环保水保普查结果为基础，对全线杆塔及线路进行无人机垂直影像核查，旨在核查高清卫片无法分辨的环保水保监管的重点。通过对比原始影像，如图 3-33 所示，对土地扰动、新增施工道路、环保水保工程措施、环保水保临时措施、溜坡溜渣、生态保护区和居民类敏感点、植被恢复或复耕情况、房屋拆迁及迹地恢复情况 8 项监测内容进行核查，如图 3-34 所示。

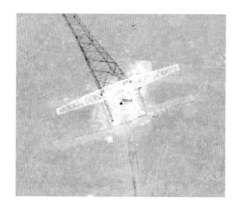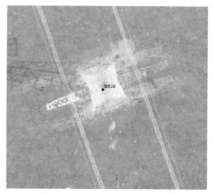

图 3-33 无人机遥感影像

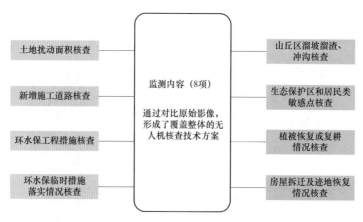

图 3-34 无人机巡查内容

3.6.4.3 基于数码照片的现场管控

采用智能手机 App 的方式，实时采集施工过程中环保水保的落实情况照片及竣工验收时的照片，加强施工过程的管理，提高竣工验收资料搜集效率，如图 3-35 所示。辅助环保水保工程量落实、环保水保实施进度、现场水保监测"绿黄红"评价和水土流失防治指标达标评价，形成过程管理痕迹，是现场开展周协调、月协调、季度巡查工作的基础，可作为对环保水保监理过程审查履责的评价依据。

图 3-35　环保水保数码照片系统

3.6.4.4　基于倾斜摄影辅助验收检查

在竣工验收阶段，选择重点区域，进行倾斜摄影航拍，通过专业软件以并行处理方式完成试验区段的实景三维建模，结合设计资料，分析护坡、挡土墙、排水沟等工程措施实施情况，塔基扰动情况，弃土、弃渣处理情况。无人机倾斜摄影如图 3-36 所示。

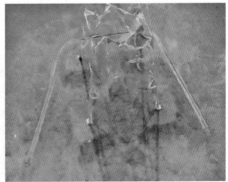

图 3-36　无人机倾斜摄影

3.6.4.5 遥感解译

以卫片、航片、设计资料等为基础，以影像解译为手段，对环保水保工作落实情况进行专业判读、对比分析，形成分析报告，建立措施、土地扰动和问题特征解译标志库，如图 3-37 所示，辅助业主对环保水保工作进行监督，为环保水保竣工验收工作提供客观依据。

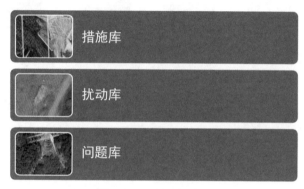

图 3-37 解译标志库

3.6.4.6 扰动面积自动提取技术

针对特高压工程线路长、塔基分散、塔基区域面积小的特点，采用多类型国产高清卫星影像，基于全卷积神经网络机器学习方法，实现塔基区土地扰动面积的自动提取，如图 3-38 所示，辅助开展特高压线路工程环保水保大范围监测，提升了工作效率。

图 3-38 自动提取扰动面积（一）

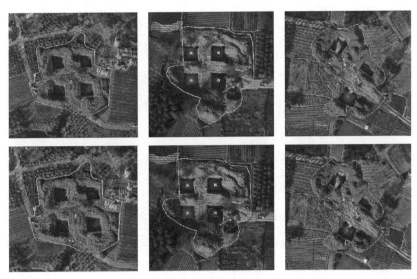

图3-38　自动提取扰动面积（二）

3.6.4.7　选择最适宜的天地一体化工作模式

对比分析国产卫星影像和无人机影像在土地扰动面积提取的精度，以及施工道路、房屋拆迁和敏感点、环保水保措施的识别度，在考虑山地和平原两种地形因素下，从数据源、技术、时间、成本、应用范围、效果等方面，提出六种适应不同工况下的工作模式，选择时间短、成本低的环保水保管控天地一体化工作模式。天地一体化工作模式如图3-39所示。

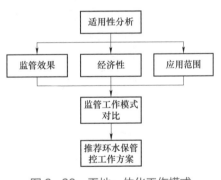

图3-39　天地一体化工作模式

3.6.5　蒙西—晋中特高压交流输电工程应用案例

蒙西—晋中特高压交流输电工程（以下简称"蒙西—晋中交流工程"），全长约2×315.6km，起于蒙西变电站（位于内蒙古自治区准格尔旗境内），止于晋中变电站（位于山西省平遥县境内）。线路大部分位于山区，自然条件复杂，环保、水保管理工作任务艰巨。本技术在 2019 年 10 月—2021 年 2 月应用于蒙西—晋中交流工程，全线采用"星载卫星＋无人机"技术相结合的天地一体化遥感监管技术，完成了 185km 重点区域竣工阶段环保水保详查，辅助全过程环保水保监管。

该技术在此工程中对环保水保监管重点进行梳理和工程基础资料准备，分别开展了高清国产卫片在环保水保大范围中的应用、无人机影像在环保水保核查中的应用、无人机倾斜影像在重点区域环保水保详查中的应用研究，以及上述三类技术手段在环保水保天地一体化监管工作模式下的适用性分析研究，最终形成环保水保管控推荐工作方案。

该技术实现环保水保大范围监测。采集施工、竣工阶段 0.5m 和 0.8m 的国产高清卫星核查影像如图 3-40 所示，实现大范围塔基扰动情况、施工道路扰动情况、房屋拆迁及迹地恢复情况解译，形成《环保水保核查成果报告》。

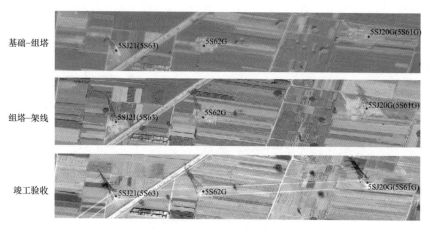

图 3-40 卫星核查影像

利用无人机摄影实现重点区域环保水保详查。通过无人机倾斜摄影获取 0.05m 高清影像，建立区域三维模型，完成杆塔护坡、挡土墙、排水沟等环保水保工程措施实施情况核查，如图 3-41 所示。

图 3-41　无人机倾斜摄影核查

实现天地一体化监管模式。从数据源、技术、时间、成本、应用范围、效果等方面进行对比分析，形成时间短、成本低的环保水保管控。天地一体化监管工作模式见表 3-17。

表 3-17　　　　　　　　　　　天地一体化监管工作模式

模式	推荐工作模式		特点
1	开工前	0.8m 分辨率卫片	综合成本较低，可方便追溯施工前历史影像。 但在开工前不能识别原始地貌的植被覆盖情况，需结合设计资料和现场踏勘成果开展工作
	施工中	无人机航摄	
	竣工验收		
	重点区域	倾斜摄影详查	数码影像采集技术
2	开工前	无人机航摄	核查效果可完全满足管控要求，且时效性有所保障。 但综合成本较高，无法追溯历史影像
	施工中		
	竣工验收		
	重点区域	倾斜摄影详查	

该项目在应用于蒙西—晋中交流工程期间，节约了业主、监理、环保水保服务单位等现场踏勘工作时间，节约了环保水保核查人员解译工作时间。累计

节约成本 244.8 万元。收集卫星影像 2 期，无人机航飞 100 余架次，数据总量超 6 万张，全过程数码照片超 2 万张。利用天地一体化监管模式不仅大大减少环保水保监测、验收等单位的外业工作量，而且可实现环保水保监督管理精细化、精准化，提高监管效率，充分强化了工程环保水保事中事后监管。

3.6.6 技术应用环保水保效果分析

天地一体化巡查技术已在青海—河南±800kV 特高压直流输电工程、陕北—湖北±800kV 特高压直流输电工程、雅中—江西±800kV 特高压直流输电工程、白鹤滩—江苏±800kV 特高压直流输电工程、蒙西—晋中特高压交流输电工程、锡盟—胜利特高压交流输电工程中进行了应用，加强了环保水保过程监督与管理，及时发现和督促整改环保水保问题，施工过程土地扰动扩大预警，防止环境破坏和水土流失危害扩大。对现有管理模式升级改造，进一步完善特高压工程环保水保管理工作体系，随着该技术的推广应用，将会产生巨大的社会和环保效益。

（1）天地一体化巡查技术综合利用卫星遥感、航空遥感、数码影像采集等技术手段，提升监测评估能力，准确监测评估成果，强化"天地一体化"监管，提升监管效能。

（2）该技术针对特高压工程线路长、塔基分散、塔基区域面积小的特点，采用多类型遥感影像，基于全卷积神经网络机器学习方法，实现塔基区土地扰动面积的自动提取，辅助开展特高压线路工程环保水保大范围监测，提升工作效率。

（3）首次在特高压线路工程中采用倾斜摄影测量技术辅助环保水保竣工详查。结合环保水保设计成果，采用分布式处理方式，大大提升了构建塔基区域高精度真三维模型的效率，多视角反映现场工程、植物、临时措施的落实情况，量测统计工程量，为后续倾斜摄影测量技术在环保水保中的应用提供参考。基于倾斜摄影，构建实景三维模型辅助环保水保监管，减少了野外工作量，降低安全风险。

（4）针对特高压线路工程特点，结合环保水保监管需求，建立基于国产卫星影像、无人机摄影数据的环保水保解译知识库。推动环保水保典型经验库建设，梳理和拓展历史工程设计、施工和竣工各阶段环保水保典型措施、典型问题等经验库，不断积累环保水保工程实践经验。

（5）从数据源、技术、时间、成本、应用范围、效果等方面，提出适应不同工况下的工作模式，选择出时间短、成本低的环保水保管控天地一体化工作模式。

3.7　水土保持在线监测技术及应用

3.7.1　技术实施背景

为做好新时期水土保持监测和数字化工作，加快推进现代高新技术与水土保持业务工作的深度融合，水利部先后印发了《生产建设项目水土保持"天地一体化"监管技术规定》《国家水土保持监管规划》（2018—2020 年）、《水利部办公厅关于推进水土保持监管信息化应用工作的通知》等，要求加强生产建设项目水土保持监管工作，加大采用卫星遥感、无人机、移动终端、自动监测等相结合的方法，对生产建设项目扰动状况和水土保持措施落实情况等开展高频次、高精度监管。随着《中华人民共和国水土保持法》《开发建设项目水土保持方案技术规范》《水土保持监测技术规程》等的发布，对水土保持监测的原则、内容、时限等做了原则性的规定，此后，各省（自治区、直辖市）及各大流域管理部门相继出台了具有地方特色的水土保持监测规定和文件，开发建设项目水土保持监测逐步在全国范围内开展起来。

目前在建工程的水土保持监测、水土保持监督检查、水土保持竣工验收等主要依靠传统的人力实施现场踏勘，需要消耗大量人力、物力，以及交通成本，且数字化水平低，难以适应当前政府监管要求。输变电工程建设项目水土保持监管工作正面临前所未有的压力，监管手段和方式均与外部形势和要求不匹配。为主动适应，积极探索应对行政主管部门的环保水保监管数字化工作要求，满足现阶段输变电工程的环保水保工作数字化、智能化的要求，亟须开展输变电工程环保水保监测与治理数字化转型。

水土保持在线监测装置融合超声、激光、光敏等高科技手段，实现了水土流失因子（风速、大气温度、湿度、土壤水分、雨量）和水土流失量的实时监测，及历史数据上传、存储。可以根据历史数据进行统计分析，自动生成风向、风速的雷达图，大气温湿度、土壤水分、雨量、土壤流失厚度曲线，实现对土壤流失厚度数据进行分析，计算实际水土流失量，以可视化界面的简易形式完成长时、连续的水土流失监测。

3.7.2 技术实施特点

（1）水土保持在线监测装置适用于扰动面、弃土弃渣等形成的水土流失坡面监测，融合了超声、激光、光敏等先进的测试原理，保证测试结果的准确性与可靠性。

（2）现场安装采样模块化设计，安装、拆卸方便、快捷，功能模块化设计，模块之间相对独立，提高系统的可用性与稳定性。

（3）水土保持在线监测装置同时完成水土流失量和气象等水土流失因子，并建立水土流失预测模型，可实现前瞻性的水土流失安全预警。

（4）水土在线监测装置采用无线数据传输，实现水土流失的远程、自动化监测，并集成太阳能自取电系统，可支撑野外长时间应用。

3.7.3 技术实施原理

水土保持在线监测装置配有土壤侵蚀量测钎传感器和环境因子集成传感器在同一套杆体上集成太阳能供电、高清屏显、高清摄像头监控等功能模块。土壤侵蚀量测钎传感器可以全天候、全过程在线监测土壤侵蚀量；环境因子集成传感器主要监测降雨量、温度、湿度、风速、风向、PM2.5、噪声；高清屏显实现水土流失数据、环境监测数据的实时显示；高清摄像头拍摄现场水土保持措施完成情况及研判水土流失情况；数据采集模块的功能是对各传感器实现定期定时的巡回采集，并将采集数据整理、缓存，以特定的数据格式传送到无线传输模块，实现数据远传，也可与计算机直接通信；太阳能供电装置的主要功能是实现系统在野外的长时运行，实现自主供电，综合实现了水土保持在线监测功能。

为增加系统的可靠性，弥补单一原理测钎的应用局限，系统布设采用多原理测钎复合布设的方式。目前测钎传感器主要基于超声和光敏的工作原理。超声波测钎是利用超声波在空气中的传播速度为已知，测量声波在发射后遇到障碍物反射回来的时间，根据发射和接收的时间差计算出发射点到障碍物的实际距离，从而获取水土流失量。光敏测钎工作原理如下，将测钎杆插入土壤中，使得其中一部分成像传感器在土壤之下，剩余部分在土壤之上。成像传感器对光照具有线性空间响应（线性传感器）通过照射到传感器的光的强弱空间分布可以判断是否存在阻挡光线的障碍物，通过已知位置障碍物（可以标定的不透光的条带区域）的投影位置，推算水土流失变化量。水土保持在线监测系统施工如图所示。水土保持在线监测系统施工如图 3-42 所示。

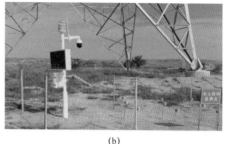

(a)   (b)

图3-42　水土保持在线监测系统施工
(a) 设备安装；(b) 施工完毕

3.7.4　技术实施要点

3.7.4.1　施工准备

水土保持在线监测设备施工前应做好技术准备、人员准备、设备准备。

3.7.4.2　现场勘察

安装工作开展前，我们对安装点位进行勘察，对现场地形、植被、坡度、土壤类型进行了采样分析，选择出合适的监测点位。

3.7.4.3　设备安装

（1）安装位置：根据水保方案、施工方案要求，将水保设备运送至指定安装地点进行设备整体安装。

（2）设备清点及数量确认：设备卸车完成后对需安装设备进行清点及外观检查，确认安装设备数量、外观正常，及检查有无运输过程中造成设备损坏情况。

（3）施工现场警戒围挡：对确认过的施工现场进行相关警戒线围挡，确保施工过程不因外在因素影响而停工。

（4）基础开挖：根据施工图纸要求开挖监测系统主杆地基，大小及深度应满足图纸设计最小要求，将地基预埋件、接地扁铁、防水电池盒安放于开挖的基坑内，四周回填土及逐层夯实。安装地基、供电系统如图3-43所示。

图3-43　安装地基、供电系统

（5）主杆组装：主杆分为上、下两段，在组装前检查上部杆体内相关连接电缆，按照图纸要求将电缆连接线穿出杆体，预留够各传感器、设备的接线长度，方便后续传感器及其他设备的安装。

（6）集成传感器安装：根据传感器的安装要求，将集成传感器安装到杆体顶部（因传感器易受周围遮挡物干扰，需安装在杆体最高处，保证测量精度），连接相关集成传感器的电源和信号源输出线。

（7）4G天线及避雷针安装：将4G天线和避雷针拧在提前布置好的杆体上端，拧紧即可。

（8）摄像头安装：将摄像头支架与杆体固定在一起，摄像头固定在支架的另一端，连接好相关设备电源和网线。

（9）LED显示器安装：LED显示安装于摄像头下方，显示器背部采用上下抱箍安装方式固定于监测主杆上，连接信号传输电缆及电源线。

（10）太阳能板安装：太阳能板采用T形铸铁支架及抱箍安装方式与主杆固定在一起，将太阳能板与H形支架按照厂家要求组装完成，将太阳能支架与监测主杆用U形抱箍固定在一起，调整太阳能板倾角及方向，在全天范围内保证太阳能板绝大部分时间都能照到太阳最佳，太阳能板输出电源电缆用缠绕管保护后与充放电控制器连接。安装显示屏如图3-44所示。

图3-44 安装显示屏

（11）将防水箱内所有设备连接线都按照技术要求和输出定义进行段子连接，安装完成后再次检查各设备是否牢靠及接线有无错误。

（12）主杆整体安装：将组装好的主杆设备整体固定到预埋好的地基预埋件上，固定前调整主杆垂直度及方位，确保集成传感器和各设备在设计图纸要求指标内，避雷针通过电缆与接地扁铁可靠连接，电池电缆与充放电控制器连接。

（13）超声测钎传感器安装：按照水保方案要求，将9根测钎按照"田"字型布局在主杆附近，测钎之间间距1m，测钎预埋深度为450mm左右，确保测钎矩阵范围内地面无明显人为破坏现象。安装超声测钎传感器如图3-45所示。

图3-45 安装超声测钎传感器

3.7.4.4 设备通电前检查工作

（1）检查主板输出定义是否正确，如有错误，需立即改正。

（2）检查设备之间正负极是否接对，如有错误，需立即改正。

（3）万用表检测充放电控制器输出电压是否满足系统需求。

（4）各测点确认无误后连接两孔段子给设备进行供电。

3.7.4.5 系统调试

（1）系统送电后等待 2min，等待 4G DTU 路由器网络连线，联机调试。

（2）使用笔记本，打开大数据平台中心，对超声测钎和集成传感器各数值进行读取，对摄像头和显示器进行开关机测试，看是否正常。

（3）对比大数据平台中心显示的数据和现场显示器上显示的数据进行对比，要保证数据显示一致。

3.7.4.6 系统运行

调试完成后，即进入系统运行阶段，每天远程读取系统各传感器数据，检查数据的真实性和可靠性。

3.7.4.7 现场清理

（1）安装调试完成后，对施工现场进行整体清理，确保施工现场无工具遗漏、清理垃圾，保证对周围环境的保护。

（2）收集好本设备有关资料，如开箱单、产品合格证、使用说明书等。

（3）做好相应的安装记录、调试记录，以备检查或复核。

安装围网护栏如图 3-46 所示。

图3-46　安装围网护栏

3.7.4.8　系统维护

系统通过运行阶段后，将长期处于正常运行状态，除正确合理地使用外，还需建立检修维护制度，通过长期观察监测数据，判断水土保持在线装置是否正常运行，坚持定期检修，保证系统正常、可靠、持续地工作运行。

3.7.5　技术应用环保水保效果分析

水土保持在线监测技术自2019年以来，在青海—河南±800kV特高压直流输电工程、陕北—湖北±800kV特高压直流输电工程、雅中—江西±800kV特高压直流输电工程、白鹤滩—江苏±800kV特高压直流输电工程、南昌站1000kV工程、张北—雄安1000kV特高压交流输变电工程张北变电站等多项输变电工程的水土保持监测工作中进行了应用，取得了良好的环保效果。

（1）该技术可以实现施工过程气象因子（温度、湿度、风速、降雨量等）、水土流失量远程实时在线监测，采用定位监测方法，测量精确，实现了水土流失量的精准监测、数据远程无线传输和实时分析展示，有力支撑了现场环保水保管理。

（2）该技术克服了常规方法受输变电工程线路长、点多面广以及数据读取受人为干扰大等问题，为特高压工程环保水保监测工作提供技术支撑。

（3）该技术对建设管理单位实时了解现场施工情况具有重要作用，有力保障了建管单位督促施工单位环保水保措施的落实，环保水保问题及时整改，避免了长期以来先破坏后治理的局面，避免了政府的行政处罚，具有显著的经济和社会效益。

（4）该技术显著提升了测钎监测的精度，监测精度达到毫米级，可通过设置的反射面进行超声矫正，最大限度提升了设备监测的精度。

（5）该技术的广泛应用，改变了传统人工监测从被动监测到主动监测，可以自动调节设置监测频次，结合降雨量对发生较大范围水土流失的详细可以实现有效预警，并将信息推送给水土保持监测人员，持续关注现场水土流失及其次生灾害的发育情况。

3.7.6　青海—河南±800kV 特高压工程应用案例

青海— 河南±800kV 特高压沿线设备安装示意图如图 3-47 所示。

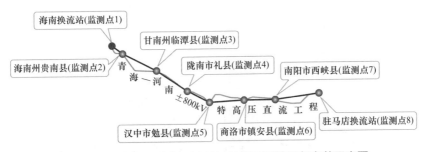

图 3-47　青海—河南±800kV 特高压沿线设备安装示意图

3.7.6.1　青海—河南特高压工程现场部署

青海—河南±800kV 输变电工程水土保持监测设备安装如图 3-48 所示。

(a)   (b)

(c)   (d)

(e)   (f)

图 3-48 青海—河南±800kV 输变电工程水土保持监测设备安装（一）

（a）监测点 1（海南州±800kV 海南站）；（b）监测点 2（青海省海南州贵南县 N408）；
（c）监测点 3（甘肃省临潭县 N2061）；（d）监测点 4（甘肃省礼县 N3258）；
（e）监测点 5（陕西省汉中市勉县 N5834）；（f）监测点 6（陕西省镇安县 N5834）

(g)　　　　　　　　　　　　　　　　(h)

图 3-48　青海—河南±800kV 输变电工程水土保持监测设备安装（二）

(g) 监测点 7（河南省西峡县 N6641）；(h) 监测点 8（驻马店±800kV 换流站）

3.7.6.2　监测软件

青海—河南±800kV 输变电工程水土保持监测软件界面如图 3-49 所示。

（1）该工程水土流失重点关注区域。水土流失重点关注区域为甘肃省甘南州临潭县、汉中市勉县、商洛市镇安县，是该工程防治与监测的重点区域。

（2）该工程水土流失防治重点时段。该工程水土流失防治重点时段为 7、8月和 10、11 月，因此在措施体系防治方面，重点加强施工期间的临时防护措施体系，同时，结合工程措施和植被措施，确保施工结束后自然恢复期内施工扰动地面的水土流失得到有效治理。

（3）该工程水土保持措施指导意见。施工期间人员活动比较频繁，扰动比较集中，待施工结束后将对各施工区进行平整和原地貌恢复，施工期间主要的建设活动为植树造林，所采取的防治措施。应结合主体工程，采取工程措施和临时措施相结合，植物措施宜结合季节适时及时开展，当主体工程建成投运时，工程措施和植被措施应及时到位。

（4）施工进度安排的指导性意见。换流站建设施工，接地极电极电缆埋没

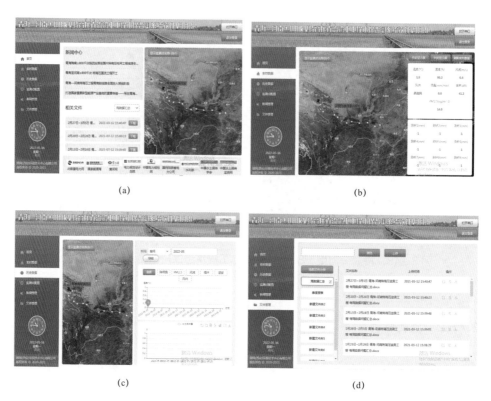

(a)   (b)

(c)   (d)

图 3-49　青海—河南±800kV 输变电工程水土保持监测软件界面
（a）软件界面首页；（b）实时数据；（c）历史数据；（d）文件管理

及塔基基础施工线路中水土流失量较大的施工时段，加强主体工程施工进度的紧凑安排，尽量避免大风和暴雨天气施工，可以有效地缩短强度流失时段。根据线路施工特点，可考虑对单基塔施工结束后分别进行土壤整治和土壤恢复措施。

（5）水土保持监测工作安排的指导性意见。在工程沿线选择有代表性点位，监测临时堆土土体变化情况，水蚀因子作用下土壤流失量以及林草覆盖率的观测。重点监测换流站站区，接地极电极电缆区和线路工程塔基区和施工道路等部位，注重施工期检查。

第 4 章
特高压工程环保水保示范典型案例

4.1 张北—雄安国家水土保持示范工程典型案例

4.1.1 项目概况

党的十九大报告指出，必须树立和践行"绿水青山就是金山银山"的发展理念，坚持节约资源和保护环境的基本国策。张家口地区风力和太阳能资源丰富，是河北省乃至全国可再生能源的重点送出地区。为落实绿色发展理念，加大基础设施领域补短板力度，发挥重点电网工程在优化投资结构、清洁能源消能、电力精准扶贫等方面的重要作用，满足经济社会发展的电力需求，2018年 9 月，国家能源局印发《关于加快推进一批输变电重点工程规划建设工作的通知》（国能发电力〔2018〕70 号），要求加快推进张北—雄安 1000kV 特高压交流输变电工程建设，满足张北地区清洁能源外送及雄安地区清洁能源供电需要。

张北—雄安特高压工程是 2022 年冬奥会配套电网"六大工程"之"清洁能源外送工程"。作为向雄安新区输送清洁能源的大通道，每年将有 70 亿 kWh 以上的风光能源从张家口直送雄安，为雄安绿色智慧新城建设提供源源不断的动力。打破清洁能源消纳瓶颈，赋能雄安新区绿色发展，同时为北京冬奥会100%使用绿电提供安全高效的特高压网架支撑。工程总体路径图如图4-1所示。

张北变电站

新建张北—雄安（北京西）1000kV
双回线输电线路

雄安（北京西）变电站

图4-1　工程总体路径图

　　工程电压等级为1000kV，属特大型输变电工程，输电线路起自张家口市张北县张北变电站，止于保定市定兴县雄安变电站，线路长度2×313.638km，其中2×194.243km同塔双回架设，2×119.395km两个单回路建设。沿线经过河北省张家口市张北县、万全区、怀安县、阳原县、蔚县和保定市涞源县、易县、徐水区、定兴县，共计2个市、9个县（区）。全线共新建792基杆塔，布设牵张场89处，跨越场地94处，新建施工便道48.03km。

　　工程水土保持管理目标为：全面落实水土保持方案报告书及其批复要求，水土保持措施落实到位，确保工程竣工时通过建设项目水土保持设施竣工验收和水行政主管部门组织的验收核查。根据工程《水土保持方案报告书》要求，该项目全部执行水土流失防治标准一级标准，扰动土地整治率 96%，水土流失总治理率 95%，土壤流失控制比 0.98，拦渣率 91%，林草植被恢复率 98%，林草覆盖率 25%。

工程于 2020 年 8 月顺利建成投运，解决了张家口地区可再生能源外送消纳问题，为雄安新区提供可靠清洁能源保障，实现绿色能源跨区域联动，推进生态文明建设，构建清洁低碳、安全高效的能源体系，服务低碳奥运，具有重要的经济社会和生态文明意义。

4.1.2 水土保持难点

1. 管理要求高

工程沿线主要涉及坝上高原、山地丘陵和平原三种地貌类型，沿线海拔位于 42～2100m 之间，沿线 5 个县涉及永定河上游国家级水土流失重点治理区（分别为张家口市张北县、万全区、怀安县、阳原县、蔚县），2 个县涉及太行山国家级水土流失重点治理区（分别为保定市涞源县、易县），水土保持管理要求高，管理难度大。

地貌图如图 4-2 所示。

(a)   (b)

图 4-2 地貌图（一）
（a）坝上高原地貌；（b）山地丘陵地貌

(c)

图 4-2　地貌图（二）

（c）平原地貌

2. 地表侵蚀严重

一是项目施工建设势必损坏原有地形地貌和植被，增加土壤的可侵蚀性；二是由于场地平整时，挖、填土方不仅造成大面积的裸露地面，而且会改变原地形，增大侵蚀扰动表面积；三是由于工程占地部分处于风沙侵蚀严重地区，因此会造成扬尘危害，同时产生风力侵蚀。

3. 植被恢复困难

风力侵蚀使耕地土壤的有机质流失，土壤结构遭到破坏，土壤中的氮磷、有机物及无机盐等营养物质含量减少，同时土壤中动物、微生物及它们的衍生物数量也大大降低，使土地条件改变，给以后的植被恢复工作增加难度，使土地生产力降低。

4.1.3　主要管理措施及取得的效果

1. 建立高效的环保水保组织体系

按照"管理—组织—实施"建立三级扁平化组织体系，国网特高压部负责工程建设的统筹协调，国网特高压建设公司负责环保水保统一管理；国网河北省电力有限公司、国网冀北电力有限公司等建设管理单位负责工程现场的具体组织；各参建单位按照合同约定的职责分工负责现场实施，技术服务单位负责环保水保咨询指导和监督检查，三级组织各司其职、各负其责，形成了横向协同、纵向贯通的环保水保管控组织体系。工程现场联合成立环保水保工作小组，人员来自业主、设计、监理、施工项目部及技术服务单位，既有利于集中优势资源、从专业层面深度管控，又有利于及时沟通信息、促进各方形成合力。

2. 建立完善的环保水保制度体系

在工程总纲性文件《建设管理纲要》的基础上，国网特高压建设公司编写了《环保水保管理总体策划》，明确了工作目标、管理机构、职责分工、管理内容和要求等内容。建设管理单位编写了《环保水保管理现场策划》，现场参建单位和技术服务单位编写了相关设计方案、施工实施细则、监理计划、专项监理方案、监测方案、验收方案等策划文件，建立了工程现场三级管理制度体系，为现场提供了工作依据和指导。

3. 开展一致性核查

在初步设计审查阶段，对初步设计与环境影响报告书及水土保持方案的一致性进行核查，并对有变化的内容是否属于重大变更进行专业分析。根据审查结果，张北—雄安工程设计与方案符合，无重大变更项目。在工程建设阶段，国网特高压建设公司组织建设管理单位开展了施工与设计一致性核查，通过施工图会检及现场检查等手段，及时发现设计不合理或施工不到位的情况，过程中第一时间纠偏整改，最终实现了环保水保设施及措施全面执行到位。

4. 开展水土保持"一塔一图"专项设计

在施工图设计阶段，设计单位均开展了环保水保专项设计，水保措施采取"一塔一图"设计，即每基塔出版一张水保措施施工图；首次将植生袋写入施工图；全面推行"高低腿"设计方案，从设计源头减少施工扰动和土方开挖；塔基余土采用就地均摊或外运综合利用，减少永久弃渣方量。

5. 抓实水土保持四个关键环节管控措施

按照"表土保护、先拦后弃、先护后扰、及时恢复"4 个关键环节实行水土保持措施放行制度，施工单位周密策划施工流程并现场交底，施工监理旁站签字放行，一个环节未完成，严禁进入下一环节。水土保持关键环节管控措施如图 4-3 所示。

(a)

(b)

(c)

(d)

图 4-3　水土保持关键环节管控措施
（a）表土保护；（b）先拦后弃；（c）先护后扰；（d）植被恢复

6. 大力应用低碳化建设技术

利用海拉瓦技术选线，优化了线路路径设计，减少路径长度 5.5km。对于山地丘陵区开挖产生的土方以及塔基浇筑所需混凝土、砂石料，采用溜槽运输减少塔基施工对周边地表的扰动，累计减少永久占地 5hm²。研究使用可移动型泥浆制备装置、钢丝绳清洗检测保养设备等新型施工设备，减少施工器械对环境的污染。山丘区采用重型货运索道运输物资，避免了修路运输造成的山体破坏等问题。低碳化建设技术如图 4-4 所示。

 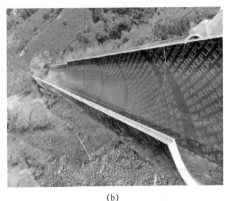

(a)　　　　　　　　　　　　　　(b)

图 4-4　低碳化建设技术

(a) 重型索道运输钢管塔；(b) 溜槽倒运余土

工程共建设重型货运索道 123 条、累计长度 90km，减少道路修建山体破坏 60hm²，减少林木砍伐 15 万株。采用平臂抱杆、塔吊组塔技术，避免了内悬浮外拉线抱杆组塔外拉线占地扰动，每基铁塔平均减少占地 1600m²，全线减少土地扰动和植被破坏 126hm²。采用无人机展放初导绳空中架线技术，较常规地面展放导引绳放线，通道扰动和植被破坏每千米减少 6000m²，全线减少扰动约 190hm²。

7. 研究应用植被快速修复技术

在张北—雄安工程 5 标、6 标丘陵区，表层土壤贫瘠，对于坡度小于 40°的塔基试点应用了植被快速修复技术。植被快速修复技术如图 4-5 所示。

开展山区特高压线路工程植生袋挡护专项应用研究，根据项目区环境特点及挑战，考虑到植生袋施工便捷、可利用本体土方、植被恢复效果好等优点，根据研究成果在山地丘陵区塔基边坡采取植生袋绿化培育和植生袋边坡绿化。

（a）　　　　　　　　　　　　　　　　（b）

图4-5　植被快速修复技术

（a）条播无纺布保墒覆盖；（b）草籽混播效果良好

植生袋护坡如图4-6所示。

图4-6　植生袋护坡

8. 综合应用数字化监测技术

张北—雄安特高压工程线路长、沿线地形地貌及水土流失特点复杂，水土保持工作过程中，以无人机及地面巡查为主要技术手段对工程全线水土保持工作实施情况进行调查。借助卫星遥感技术，开发了在线水土保持监测系统，全面了解水土保持设施运行及管护责任的落实情况，有效保障水土保持质量和效果。卫星遥感影像对比如图4-7所示，数字化监测技术如图4-8所示。

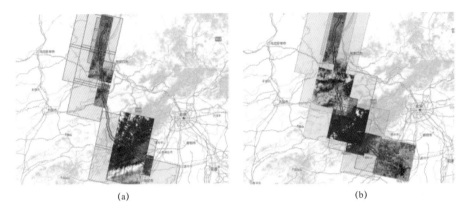

(a)　　　　　　　　　　　　　　(b)

图 4-7　卫星遥感影像对比

（a）2019 年 1 月施工前影像；（b）2019 年 5 月施工过程中影像

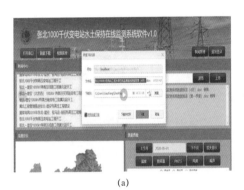

(a)　　　　　　　　　　　　　　(b)

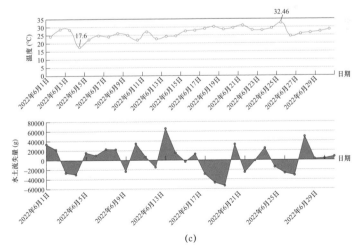

(c)

图 4-8　数字化监测技术（一）

（a）在线监测系统；（b）无人机遥感监测；（c）水土流失量图

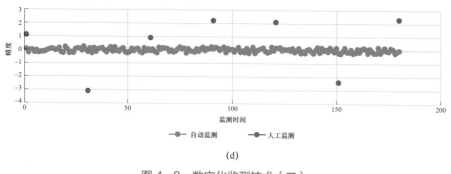

(d)

图 4-8　数字化监测技术（二）

（d）水保在线监测与人工监测数据量对比图

9. 水土保持管理成果

经最终统计，张北—雄安 1000kV 特高压交流输变电工程水土流失防治六项指标监测结果为：扰动土地整治率 97.76%，水土流失总治理率 97.64%，土壤流失控制比 1.07，拦渣率 97.20%，林草植被恢复率 98.70%，林草覆盖率 42.37%。从监测结果来看，扰动土地整治率、水土流失总治理度、土壤流失控制比、拦渣率、林草植被恢复率及林草覆盖率均已达到水土保持方案及批复文件要求的目标值。

4.1.4　党建+环保水保工作情况

1. 传承红色基因，践行绿色发展

工程现场成立了联合临时党支部，充分利用党组织的引领力和组织力，将参建人员思想统一到工程绿色环保建设目标上。工程现场临时党支部因地制宜，有计划、有重点地组织开展党员教育，利用工程沿线红色资源，教育现场党员加强党性锻炼，赓续红色血脉，凝聚成在特高压建设中干事创业、建功立业的精神动力。着力推动特高压工程可研、设计、建设、投运全过程贯彻绿色发展理念，依靠创新技术和管控手段有效降低工程施工对周边生态环境的影响，不断提升广大建设者的环保水保管理水平。有针对性地开展环保水保专项培训，

针对工程中遇到的环保水保难题，组织专题研讨和集中攻关，既能提高建设者专业能力，又能切实为工程解决实际问题，传承红色精神、引领绿色发展，营造了良好的党建引领工程绿色建设的氛围。

2. 坚持新发展理念，强化环保意识

认真学习贯彻习近平生态文明思想，针对特高压建设初期存在的参建人员环保意识不强等问题，发挥临时党支部平台作用，将环保水保教育内容纳入支部学习，一体化推进；结合工程周边红色教育资源，定期开展环保水保主题党日活动，宣贯环保水保工作要求，将环保水保管理作为重要工作内容，亮身份、亮职责、亮业绩，形成齐抓共管的有利局面，从而充分发挥基层党组织的战斗堡垒作用和党员的先锋模范作用。持续提高思想认识，使工程建设者深刻把握党中央关于生态文明建设的总体部署、国家电网有限公司党组工作要求，推动特高压工程绿色建设。

3. 深化"队、区、岗"建设，将党建优势转化为发展优势

临时党支部有效发挥"队、区、岗"工作载体作用，现场广大党员攻坚克难、创新求实，通过精准识别环境要素、刚性过程管控、严格专项验收等举措实现环保水保精益化管控，开展绿色低碳建筑、环境污染防治、环保运输、绿色施工、植被修复等技术研究实现低碳化建设，实施环境保护全要素监控、实时全景式现场巡查、灾害动态监测与预警措施实现数字化监测，全面实现了特高压工程环保水保专业化、精益化、低碳化、数字化管理。广大党员当先锋、做表率，冲锋在急难险重任务的最前沿，以高度的政治责任感和使命感多措并举，使党旗在工程绿色建设中高高飘扬。

4. 积极开展志愿服务活动，助力工程建设

深化"党建+"工程，持续丰富"党建引领·和谐团队·精品工程"党建机制内涵，依托共产党员服务队和临时党支部积极开展政治服务、志愿服务、增值服务，全力服务特高压工程一线。深入开展共产党员服务队"学党史、担使命、办实事、惠民生"专项行动，面向在建工程现场周边群众，开展"森林草

原防火防治""保护草原爱护环境"等志愿服务活动,发放工程环境保护宣传手册3000余份,进一步凝聚人心、汇聚力量。

5. 创新环保水保工作宣传形式,营造良好氛围

临时党支部在依托工程现场党员活动室、宣传栏、文化墙等固定宣传阵地开展环保水保宣传的基础上,积极创新宣传形式,采取组织知识竞赛、创作文艺作品、制作宣传视频、自媒体等多种方式进行宣传。结合"世界环境日"开展了观摩交流、赠送环保水保口袋书、向工程沿线群众普及宣传环保水保知识等活动,创作《让张北的风 点亮雄安的灯》等文艺歌曲进行传唱,在主流媒体发布工程建设信息和环保水保稿件100余篇,制作《风出张北 绿动雄安》视频宣传片,用文艺作品、小视频等生动活泼的宣传形式,培育工程环保水保管理融合型双色文化建设,营造了绿色建设氛围。

共产党员服务队深入百姓开展环保水保宣传工作如图4-9所示。

图4-9 共产党员服务队深入百姓开展环保水保宣传工作

6. 加强环保水保工作成果总结和推广

张北—雄安1000kV特高压交流输变电工程建设过程中,高度重视生态绿色施工技术总结以及水土保持管理作业规范化、标准化研究,用以科学指导水土保持管理、设计、监理、监测、施工等各个环节,并在电力行业中加以推广应用。工程累计形成QC成果25项、专项论文18项、规范标准4项、专著4项。相关系列成果全面总结了特高压输变电工程的水土保持相关要求、经验等,具有重要的示范和推广意义。

4.1.5　主要工作节点

2018 年 11 月，受国家电网有限公司委托，设计院有限公司编制完成《张北—雄安 1000 千伏特高压交流输变电工程水土保持方案报告书》。

2018 年 11 月 11 日，组织召开了《张北—雄安 1000 千伏特高压交流输变电工程水土保持方案报告书》技术评审会，水土保持方案一次性通过技术评审。

2018 年 12 月 5 日，以文件名为《河北省水利厅关于张北—雄安 1000 千伏特高压交流输变电工程水土保持方案的批复》（冀水保〔2018〕120 号）获得水土保持方案报告书进行批复。

2019 年 5 月至 2020 年 8 月，水保工程与工程本体同步建设，建设单位组织技术服务单位按月开展现场检查。

2020 年 7 月，各建管单位分别对管理范围内的变电站工程、线路工程水土保持设施进行了水土保持设施自查验收。

2020 年 9 月，水土保持设施验收技术服务单位对自查验收调查发现的各项问题开展复检核查，核查现场问题塔基整改情况，确保工程现场满足水土保持设施验收条件。

2020 年 10 月，水土保持监理单位编制完成《张北—雄安 1000 千伏特高压交流输变电工程水土保持监理总结报告》。

2020 年 12 月 3 日，召开了张北—雄安特高压工程水土保持设施验收会。经现场勘查、资料审阅并质询讨论后，验收组一致认为工程符合水土保持设施验收合格条件。

2021 年 1 月 25 日，国家电网有限公司正式印发张北—雄安特高压工程水土保持设施验收鉴定书，随后进行了备案。

2021 年 1 月，工程水土保持设施自主验收材料进行了备案。

2021 年 2 月 9 日，取得自主验收报备回执。

2021 年 5 月 18 日，工程通过了水土保持设施现场核查。

2021 年 12 月 22 日，工程获评 2021 年度国家水土保持示范工程。

4.2 螺山长江大跨越环保水保措施示范工程典型案例

4.2.1 案例实施背景

近年来，在跨江、跨河段的特高压输电线路工程施工建设中，经常面临工程跨越自然保护区、两岸铁塔附近房屋密集等生态环境较为敏感的情况。

螺山长江大跨越方案左岸位于洪湖市螺山镇东侧，右岸位于湖南省临湘市江南镇西侧，主跨档档距 2415m，跨江塔均位于两岸主堤内，受两岸长江干堤的保护，跨越处江面宽约 1865m，两主堤坝间距离 2015m，穿越长江新螺段白鱀豚国家级自然保护区，该工程跨越塔基础、铁塔施工中的环保水保技术措施尤为重要。

4.2.2 案例实施特点

（1）因长江两岸的跨越塔基础一般采用灌注桩承台结构，在钻孔过程中往往会产生噪声，特别是塔基处位于两岸居民区之间的情况，另外跨越塔组立施工时，抱杆动力设备的运转声音大，极易对周边居民产生扰动，故施工噪声防治成为一大要点。

（2）跨越塔由于根开尺寸大、人员设备及材料多，致使施工现场作业面积大，在施工初期对现场占地需要合理策划，既要满足施工需要，同时尽可能减少环境扰动。

（3）灌注桩施工时所建造的泥浆池尽可能与地面进行物理隔离，防止膨润土中的聚丙烯酰胺累积过量造成污染。基础施工时现场扬尘大等问题突出，需要对现场进行降尘处理。现场在排水与排污前应对污水进行处理，防止水中含有杂质、油污等污染物。

（4）湖南侧跨越塔塔基占地及施工占地中大部分为耕地，在施工及场地布置时需要对表层土壤进行分离，以便复耕时将表层土壤回填至地表。基础施工过程中因钻孔会带出大量钻渣，需要对钻渣进行处理，防止钻渣堆积造成环境扰动。场所处地区雨季降水量大，需要对现场进行水土保护。

（5）跨越塔组立时周期较长，对环境扰动较大，需要提高施工效率，加快施工进展，尽可能地减少扰动周期。

4.2.3　案例实施原理

跨越塔基础、组塔施工时对环境扰动大，采用新型机械设备，降噪节能，针对现场环保水保采取辅助性技术保障措施，从降噪、限定施工区域、水污染处理、水土保持、加快施工速度等方面进行控制，确保现场环保水保工作落实到位。核实对白鱀豚的影响及措施有效性。

4.2.4　案例实施要点

4.2.4.1　噪声防治

工程南岸跨越塔位置处于村居中心，因此周边噪声控制尤为重要，采用源头治理、多措并举的方式，降低工程噪声。使用装配式彩钢围挡封闭施工现场，降低施工噪声传播；提前开展施工策划，对于张力机等施工噪声较大的设备，外加防护棚，降低噪声传播；科学安排施工时间，避免夜间施工；严格按规程操控机械设备，及时对旋挖机、抱杆牵引机、吊车等设备维护保养，降低机械设备噪声产生；现场施工人员配备耳塞、耳罩等防护用品，减轻噪声对人体的危害；设置噪声检测装置，时刻监督噪声情况，确保厂界噪声不超标。降噪装置如图4-10所示，环境监测装置如图4-11所示。

图4-10　降噪装置

图4-11　环境监测装置

4.2.4.2　施工限界

施工前应做好合理的占地规划，充分考虑人员及设备站位、施工材料堆放位置、车辆进出场道路等因素，完善作业现场平面布置图，在满足施工条件的前提下减少施工临时占地。对施工现场采用装配式彩钢围挡进行封闭，铺设周转式透水砖作为人员进出通道。组塔前对施工现场进行整平，在地面铺设帆布后进行区域硬化，降低车辆设备进出扰动及防止扬尘。未硬化区域采取防尘网铺设措施。

南岸施工平面策划如图 4-12 所示，场地硬化如图 4-13 所示。

图 4-12 南岸施工平面策划

图 4-13 场地硬化

4.2.4.3 大气扬尘防治

现场在道路两侧设置蓄水池及废水回收池，道路上安装压力传感式自动清洗装置，清除车身及轮胎上的泥土，与人工清洁方式相比，提高了 50%效率；配备洒水车定期进行洒水降尘，根据天气预报情况，非雨季平均每 2 天进行一次洒水作业，确保厂界内扬尘不超标。施工现场洒水降尘如图 4-14 所示。

 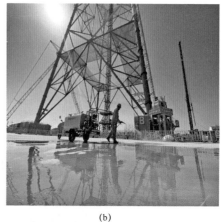

(a)   (b)

图 4-14 施工现场洒水降尘
(a) 车辆自动清洗装置；(b) 洒水车

4.2.4.4 水污染防治

灌注桩施工阶段泥浆池（见图4-15）建造时，对泥浆池底部及四周进行硬化并覆盖尼龙布，使泥浆与土壤物理隔离。在施工完毕后，泥浆自然晾干，与底部混凝土一并清理，转运到国土资源局指定位置处理。

图 4-15 泥浆池

作业现场设置雨水网格式明暗排水系统，对雨水集中处理，设置多个沉淀池去除水中悬浮物，沉淀雨水中夹杂的泥土、悬浮物，防止水污染。现场排水系统如图4-16所示。

图 4-16　现场排水系统

　　生活污水经处理后排入市政污水管网，实现雨水、污水分流处理、快速外排。生活污水处理如图 4-17 所示。

图 4-17　生活污水处理

　　现场各类工器具采用绿色化管理，需浸油保养的工器具在其货架底部设置接油盒，抱杆牵引绳与牵引设备之间设置混凝土方柱支撑，防止油污污染环境。牵引绳支座如图 4-18 所示。

图4-18 牵引绳支座

跨江架线施工，牵引船展放ϕ24 迪尼玛绳，迪尼玛绳不落水；每相导线采取二牵三方式两次展放，导线展放牵引绳选用 C28 无油防扭钢丝绳；提高施工效率，降低对于长江水体影响。架线牵引船如图4-19所示。

图4-19 架线牵引船

4.2.4.5 水土保持

基础施工前进行表土剥离，生土、熟土分区堆放。基础施工过程中对钻渣采用余土外运的方式，转移到指定位置堆放并苫盖防尘网。施工现场采用种植草皮、播撒草籽、铺设密目网防止水土流失。

生熟土分区堆放如图 4-20 所示。

图 4-20　生熟土分区堆放

4.2.4.6　减少环境扰动周期

应用 T2T800 双平臂落地抱杆进行吊装作业,跨越塔组立阶段人员上下塔采用施工升降机，提升工作效率，北岸跨越塔组立历时 108 天、南岸跨越塔组立历时 150 天，相较同类型大跨越工程，施工效率提高约 30%。每相导线采取二牵三方式两次展放，并采用集控放线设备，提高放线效率，相较以往大跨越常用一牵一方式，效率提高 50%。落地抱杆作业如图 4-21 所示。

(a)　　　　　　　　　　　　　　　(b)

图 4-21　落地抱杆作业
(a) 施工升降机；(b) 落地抱杆

4.2.5　效果总结分析

该案例对现场噪声防治、施工限界、水污染防治、水土保持、减少环境扰动周期 6 个因子采取了全面细致的措施。以南岸跨越塔为例，现场配置 13 项环保装置及设施，采取了 25 项环保措施。现场硬化区域面积占比 7%，草皮种植面积占比 3%，现场密目网覆盖面积达 90%，洒水车累计工作 208 个台班。噪声防治从控制噪声源、合理安排施工时间、降低噪声传播、实时监测噪声分贝、保护作业人员等方面取得了良好的应用效果。响应国家"碳达峰、碳中和"战略，达到了节能减排、低碳环保的效果。

4.3　白鹤滩二期换流站环保水保数字化监测示范工程典型案例

4.3.1　案例实施背景

工程建设和生态环境相互影响，一方面工程建设可能对生态环境造成破坏，另一方面施工环境可能为工程质量甚至安全带来风险。在特高压输电变电（换流）站、线路大跨越工程施工建设中，经常面临突发性环境污染事件发生的情况。因此，针对变电（换流）站、线路大跨越工程的重点环境要素的监测和管理十分重要。传统的管控手段无法及时有效地发现并应对环境污染事件，易导致环境污染事件的发生。

为减轻环境污染产生的影响，提高环境污染事件处置应对能力，保护变电（换流）站、线路大跨越工程环境。贯彻落实节地、节能、节水、节材和保护环境的技术经济政策，建设"绿色化"输变电工程。在白鹤滩二期换流站工程，通过采用先进的智能化监测设备和数字化管理手段，以需求导向、协同推进、赋能增效为原则，将数字化手段与工程本体建设紧密结合，融入环保水保专业管理流程，重点解决环保水保工作中的难点、重点问题，最大程度节约资源，提升环保水保管控效率和水平，减少施工活动对环境的不利影响。为基层一线减负，为工程管理增效。

白鹤滩二期换流站工程与白鹤滩—江苏±800kV 特高压直流输电工程送端换流站（布拖换流站工程）、布拖 500kV 变电站按"三站合一"模式统筹同址合建如图 4－22 所示。其中白鹤滩换流站一期工程位于站区西南侧，二期工程位于站区东北侧。占地总用面积为 930 亩（1 亩≈666.67m²），围墙内用地面积为 588 亩。白鹤滩换流站站址位于山丘顶部，自然地面高程为 2420～2490m，相对高差约为 70m。场平标高 2448m，站址西北侧 250～300m 为特木里河，自西南向东北流。

图 4－22　白鹤滩换流站分区

根据白鹤滩换流站站址特点，白鹤滩换流站占地面积大、土方多，土方回填时存在扬尘风险。白鹤滩换流站废水主要是站区工作人员的生活污水及循环冷却水外排水，存在一定水污染的风险，废水经地埋式污水处理装置处理后需监测是否达标，防止污染水源。在白鹤滩换流站易发生边坡位移及水土流失的重点区域进行实时监测，防止发生重大边坡位移及水土流失事件。根据电磁、植物、水环境、火、土、雷电、大气、扬尘、光、风、温度、湿度、油、垃圾、动物、地面沉降、边坡位移、噪声18项环境管理要素（简单概括为"磁木水火土，雷气尘光风，温湿油圾物，沉降位移声"），对其中的"温、湿、风、水、气、尘、声、位移、土"进行数字化监测。根据以上要素在环保水保中的监测重点，对温度、湿度、风力、风向、降水进行数字化监测，对极端天气进行智能预警；对大气污染、水污染、噪声污染、边坡位移、水土流失、地表扰动情况等问题进行智能化监测管理并重点管控。通过采用先进的智能化监测设备和数字化管理手段能够及时有效地发现并应对环境污染事件，保护生态环境和人体健康。

4.3.2　案例实施特点

（1）环保水保数字化监测主要适用于变电（换流）站、线路大跨越工程。扩建工程根据实际情况参照执行。

（2）通过在线监测设备实时获取大气污染监测、噪声监测、施工废水监测、边坡监测、水保监测指标数据，并传递至数字化管控平台，对超出限值数据进行分级预警，及时发现污染事件。

（3）数字化监测管控手段操作简单方便、可靠性强，减少人力消耗，数据通过网络传输及存储方便追溯历史数据。

（4）通过环保水保数字化监测管控手段及时有效地发现并应对环境污染事件，带来巨大社会效益和经济效益。

4.3.3　案例实施原理

白鹤滩二期换流站环保水保数字化监测技术，通过准确识别环境要素并管

理要素来实现结果控制。根据《国家电网有限公司特高压建设分公司工程数字
化建设总体方案》，特高压工程智慧物联网体系共分应用层、平台层、网络层、
感知层 4 个层次，工程现场各类智能监测设备位于感知层见表 4-4。微气象、
噪声监测通过感知设备采集数据，实时传输至现场边缘计算和物联代理服务器，
并传递至数字化管控平台。大气污染、水污染、边坡位移、水土流失、地表扰
动实时监测并实时传输至现场边缘计算和物联代理服务器，再经分析、计算后，
数据传输至特高压建设公司数字化管控平台，现场采用 App 接入 + 互联网云端
数据接入模式。通过实时获取大气污染监测、噪声监测、施工废水监测、边坡
监测、水保监测指标数据，并根据预报等级进行预警和统计分析。支持统计视
图和预警列表的切换。当监测值超出限值时，进行亮牌预警并向远程管理人员
和现场人员提供实时数据和预警信息至手机。针对各级预警，采取相应预警措
施，解除预警并形成整改闭环，及时应对环境污染事件，保护生态环境和人体
健康。

4.3.4 案例实施要点

4.3.4.1 气象监测

利用监测设备微气象站，实时获取温度、湿度、风力、风向、降水等气象
数据，实现实时数据传输。微气象站部署在换流站施工生活区、施工场地入口，
根据部署场地条件的不同可采用固定或移动的部署方式，采用太阳能或市电两
种方式进行供电，气象监测如图 4-23 所示。当监测值超过施工安全作业的限
值（见表 4-1）时立即亮牌预警，同时向管控平台提供实时数据和预警信息。
施工人员根据气象预警信息采取防护措施，并对可能影响的现场环境提前布设
环保水保措施。通过数字化气象监测及预警，白鹤滩换流站在建设过程中，在
夏季极端高温天气，帮助施工人员提前采取防暑降温措施，保护了施工人员的

身体健康；在极端暴雨天气，减少施工人员作业活动，并对施工现场布设环保水保措施，多次有效避免了发生重大水土流失的风险。

图 4-23 气象监测

表4-1 气 象 数 据 限 值

温度	大于35℃
降水	暴雨天气，降雨量50mm以上且持续
风力	6级（风速10.8～13.8m/s）以上

4.3.4.2 大气污染监测

利用大气污染监测设备采集环境空气质量数据，实时监测大气污染物包括PM2.5、PM10等污染物并对重污染环境进行预警，支持实时数据传输。根据部署场地条件的不同可采用固定或移动的部署方式，采用太阳能或市电两种方式进行供电，大气污染物监测如图4-24所示。在施工生活区、施工场地入口及施工重点区域安装1～3个环境监测系统。对影响施工的不利环境指标进行统计分析和预警信息推送见表 4-2，同时向数字化管控平台提供实时数据和预警信息。施工人员根据大气污染预警等级信息做好防护措施，并对可能影响的现场环境提前采取环保水保措施。

图 4-24　大气污染物监测

表 4-2　　　　　　　　　　大 气 污 染 物 限 值

PM2.5	24h 平均 35μg/m³ 以上
PM10	24h 平均 50μg/m³ 以上

当大气污染预警亮牌为绿色时，施工单位需做好预防工作，防止出现轻度及以上污染。当大气污染预警亮牌为黄色时，施工单位进行站区及进站道路区大面积洒水除尘工作，对部分场地进行集中除尘工作，防止出现中度及以上污染。当大气污染预警亮牌为蓝色时，施工单位进行站区及进站道路区进行密目网覆盖，彩条布苫盖工作的落实，对临时堆土防护进行检查，对未防护到位的，立即要求施工单位进行整改，同时要求施工单位对除尘工作进行更深层次落实，迅速对站区及进站道路区进行大面积洒水，且安排专人对环保除尘炮雾机进行遥控操作，防止出现重度及以上污染。当大气污染预警亮牌为红色时，对相关施工单位进行停工令下发，进行停工处理，对部分存在疏漏治理或未治理的施工单位负责人进行考核处理，并要求施工单位对站区及进站道路区进行全方位除尘工作落实，监理项目部跟踪整改，施工单位整改完成后报审复工申请，监

理项目部检查合格后，予以复工。在白鹤滩二期换流站施工过程中，通过大气污染数字化监测及预警，多次预警了扬尘超标风险，施工人员及时采取措施，对站区及进站道路区进行大面积洒水，并遥控操作除尘炮雾机，有效处理了扬尘风险，保护了人员身体健康及现场环境。

4.3.4.3 噪声污染监测

利用环境噪声监测设备实时显示采集到的环境噪声数据。监测设备能够实时监测环境噪声并对噪声污染进行分级预警，支持实时数据传输。根据部署场地条件的不同可采用固定或移动的部署方式，采用太阳能或市电两种方式进行供电，噪声监测如图4-25所示。在居民敏感点范围内布设监测点，安装1～2个环境噪声监测设备。当噪声分贝值超出日间、夜间允许分贝值时，立即亮牌预警见表4-3，同时向数字化管控平台传输实时数据和预警信息。施工人员根据实时数据和预警信息采取相应措施减少噪声污染对周围环境影响。

图4-25 噪声监测

表 4-3 噪 声 允 许 分 贝 值

日间 （6:00～22:00）	夜间 （22:00～次日 6:00）
允许分贝值 70dB（A）	允许分贝值 55dB（A）

当噪声监测预警亮牌为绿色时，施工单位按要求做好预防工作，防止出现轻度及以上污染。当噪声监测预警亮牌为黄色时，对相关施工单位进行整改通知单下发的处理，并要求相关施工单位立即整改，消除引起黄色预警的噪声源，防止出现中度及以上污染。当噪声监测预警亮牌为红色时，对相关施工单位进行停工令下发，进行停工处理，对部分存在疏漏治理或未治理的施工单位负责人进行考核处理，并要求施工单位对引起红色预警的噪声源进行清声处理及跟踪整改，施工单位整改完成后报审复工申请，监理项目部检查合格后，予以复工。通过数字化噪声监测及预警，在白鹤滩二期换流站夜间施工过程中，噪声超出夜间限值时发出预警，及时采取了夜间停止施工措施，充分减少噪声污染，避免给周边居民带来不便影响。

4.3.4.4 施工废水监测

通过部署和安装施工废水监测设备，对施工现场废水进行监测，实时获取pH 值、浊度（NTU）、溶解氧（mg/L）、氨氮（mg/L）、COD（mg/L）等指标，废水监测如图 4-26 所示。废水监测设备支持实时网络传输。记录施工废水水质情况并对各指标超出限值情况生成预警消息并推送，同时数字化管控平台传输实时数据和预警信息。发现废水超标后，及时处理问题，减少对周边环境的影响。

图 4-26 废水监测

当出现绿色预警时，要求各施工单位做好管控工作，防止出现黄色预警；当出现黄色预警时，对相应的施工单位进行整改通知单下发，要求对产生未妥善处理的废水进行净化处理再排放，并且加强落实防护及隔离措施，防止出现红色预警；当出现红色预警时，对相应施工单位立即下发停工令，对疏漏及未实行管控的施工单位负责人进行考核处理，要求对违规处理已经造成的污染的废水进行补救措施落实，并进行全方位自查活动，同时开展整改跟踪，对未整改或仍未整改到位的施工单位进行严肃处理。通过废水数字化监测及预警，白鹤滩二期换流站实时监测施工废水水质，有效监督了施工废水处理情况，避免了水污染事件发生。

4.3.4.5　水土流失监测

利用水土流失监测系统，在线实时监测水土流失情况，对土壤侵蚀量、环境影响因子、生物多样性等情况进行定时采样，能精确计算出地表土壤侵蚀变化量，全天候、全过程在线监测土壤侵蚀量，高清摄像头拍摄现场水土保持措施完成情况及研判水土流失情况。监测数据自动存储、下载、导出，水土流失监测设备支持数据远程传输。通过太阳能供电方式实现系统在野外的长时运行，实现自主供电，综合实现了水土保持在线监测功能，如图 4-27 所示。水土流失监测设备部署在施工现场易发生水土流失的重点区域，对水土流失重点区域在线实时监测水土流失情况，向数字化管控平台提供实时数据和预警信息，当监测值超过限值时立即亮牌预警。施工人员根据水土流失预警信息，及时采取水土保持措施，防止发生严重水土

图 4-27　水土流失监测

流失事件。

当出现绿色预警时，要求相应施工单位做好水土流失预防工作，对应采取措施防护的土地或裸土进行防护。当出现黄色预警时，对相应施工单位进行整改通知单下发，要求施工单位限期整改，对水土保持工作进行落实。当出现红色预警时，对相应施工单位进行停工令下发，要求施工单位立即整改，对未采取措施的土地或裸土进行全方位覆盖或苫盖，环境保护及水土保持监理项目部跟踪整改，施工单位整改完成后报审复工申请，监理项目部检查合格后，予以复工。白鹤滩二期换流站对易发生重大水土流失风险区域进行数字化监测，通过数字化监测手段有效监督了水土流失情况，为及时处理水土流失事件做充分准备。

4.3.4.6　边坡位移监测

白鹤滩换流站工程现场通过边坡地表位移监测、深部位移监测、裂缝获取边坡位移数据、裂缝指标数据。边坡位移监测通过设置坡面观测点，利用 GPS 进行测量。通过数据处理分析，分析坡面几何外观的变化情况，绘制坡面各点在施工过程中的位移情况，从而了解边坡滑动范围和滑动情况，提供预警信息。裂缝监测通过自动化监测技术进行实时巡视，对土质较差处、渗水严重处、边坡陡峭处进行重点巡视、检查。当坡体表面发现裂缝时，能够第一时间将分析结果以短信的方式通知相关管理人员，并采取相应措施。

地表位移采用全球卫星导航系统（global navigation satellite system，GNSS）变形监测系统进行监测，边坡位移监测如图 4-28 所示，GNSS 是基于 GPS/北斗高精度卫星 3 维定位技术，具有自动化，无人值守，全天候、不间断地实时三维高精度测量，其无须通视，量程大，可进行大范围监测。实际应用时在边坡重点区域主要监测点位布置 GNSS 监测点。

深部位移监测通过监测边坡内部的位移变化，确定边坡深部尤其是滑动带的位移情况。测点主要布置在存在滑动安全隐患的坡体之内。测点以监测对象等高线具有差异的直线进行均匀分布。深层水平位移主要使用的仪器设备为导轮式固定测斜仪，深部位移监测如图 4-29 所示。

图 4-28　边坡位移监测

图 4-29　深部位移监测

裂缝监测采用裂缝计通过差动变压器式位移传感器进行监测，裂缝测点布置于裂缝上，且在裂缝的最宽处及裂缝首、末端按组布设，裂缝监测如图 4-30 所示。

边坡位移监测设备实时监测边坡位移情况，记录历史数据；工程竣工后，监测设备转为运检阶段监测设备，长期监测边坡位移情况。边坡位移监测设备，布置在高边坡附近，通过内置电池及光伏板供电。当边坡位移出现绿色预警时，要求相应施工单位立即坡度监测及边缘勘察，对边坡位移进行管控，防止出现黄色预警。当边坡位移出现黄色预警时，对相应施工单位进行警告处理，并下

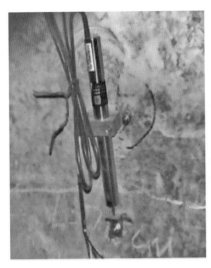

图 4-30　裂缝监测

发整改通知单，要求相应施工单位立即对出现黄色预警的边坡进行补救处理。当边坡位移出现红色预警时，立即上报业主项目部，请求业主项目部与设计单位进行补救措施沟通，并针对补救措施进行落实。通过边坡位移数字化监测及预警，白鹤滩二期换流站对易发生边坡位移重点区域进行实时监测，数字化监测手段有效监督了边坡位移情况，对突发事件进行及时预警。

4.3.4.7　地表扰动监测

1. 无人机监测

使用无人机高空航空摄影测量方法监测余土堆放、站外临时占地限界、迹地恢复情况，使用的无人机如图 4-31 所示。在无人机航空摄影飞行过程中，实行即时重拍，轨迹回放、分析漏拍等。无人机航空摄影场景例如：监测站区、进站道路、站外电源设施区、施工生产生活区的表土、回填土方堆放情况和施工结束后土地整治、绿化植被的恢复情况。无人机巡查结果传输至数字

图 4-31　无人机

化管控平台，对于不合规的进行预警，形成整改闭环。

2. 视频监测

在余土堆放处、站外面积限界处、迹地恢复处等建设摄像头进行实时监控，视频监控摄像头如图4-32所示。识别场景例如：监测站区、进站道路、站外电源设施区、施工生产生活区的表土、回填土方堆放情况和施工结束后土地整治、绿化植被的恢复情

图4-32 视频监控摄像头

况，以及施工过程中防尘网和围挡的使用情况。视频监测统一在智慧工地监控系统中安排部署球机监测。通过人工查看视频监控和视频监控自动判断来发现问题，同时向数字化管控平台提供实时数据和预警信息，施工人员采取相应措施，形成整改闭环。

绿色预警：当出现绿色预警，要求相应施工单位对相应临时施工场地及临时用地进行优化，减少土方开挖和回填量，最大限度地减少对周边土地的破坏，保护周边自然生态环境。黄色预警：当出现黄色预警时，对相应施工单位进行整改通知单下发，限期将超界的占地的围墙或临建建筑物进行拆除，腾出临时占地，并及时恢复临时占地的原地形、地貌，使被占地的环境影响降至最低，对占用附近村民的耕地或果树地带应进行赔偿事宜落实。红色预警：当出现红色预警时，对相应施工单位负责人进行考核处理，并下发停工令，要求施工单位立即对超界的占地围墙或临建建筑物进行拆除，并马上清理现场，并按建筑永久绿化的要求，安排场地新建绿化，恢复原始地貌，对占用附近村民的耕地或果树地带应进行赔偿事宜落实。通过地表扰动监测，白鹤滩二期换流站施工建设过程中，对超出占地限界的施工活动进行了预警，最大限度减少了土方开挖和回填量，并对超界的建筑物进行拆除，并恢复了原地貌。及时有效地减少了地表扰动超标的风险，保护了周边的环境。

4.3.4.8 环保水保数字化管控平台

环保水保数字化管控平台实时获取大气污染监测、噪声监测、施工废水监测、边坡监测、水保监测、地表扰动监测指标数据，并传递至数字化管控平台，对超出限值数据进行分级预警，系统根据预警机制自动预警，业主项目部施工项目部进行处理，环保水保数字化管控平台如图 4－33 所示。在工程前期阶段、施工阶段、验收阶段的全寿命周期环保水保管理，协助做好工程建设过程中的环境保护、水土保持工作，及时发现并应对环境污染事件。

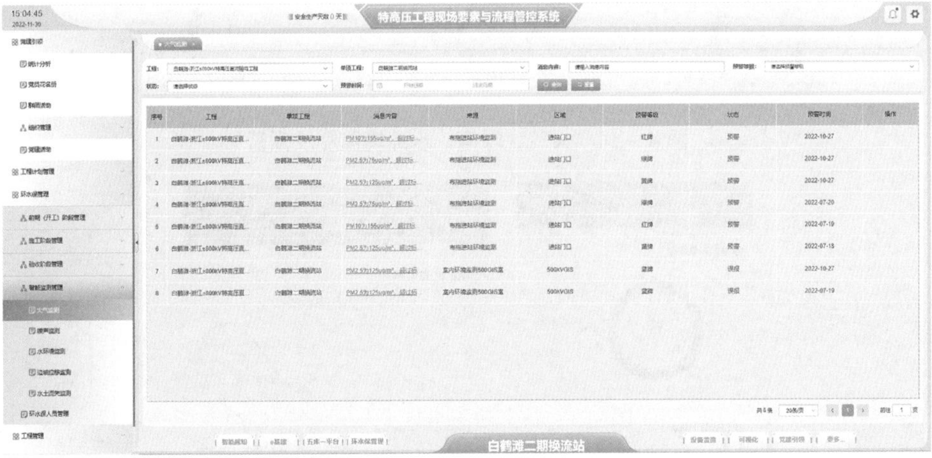

图 4－33　环保水保数字化管控平台

4.3.5　效果总结分析

白鹤滩二期换流站数字化管控平台通过数字化监测，获取气象监测、大气污染监测、噪声监测、施工废水监测、边坡监测、水保监测、地表扰动监测 7 项指标数据，并根据预报等级进行绿黄红分级预警和统计分析，如图 4－34 和图 4－35 所示。系统根据预警机制自动生成预警信息，业主项目部、施工项目部进行了确认处理。通过数字化监测和智能管控，白鹤滩二期换流站及时有效地发现并

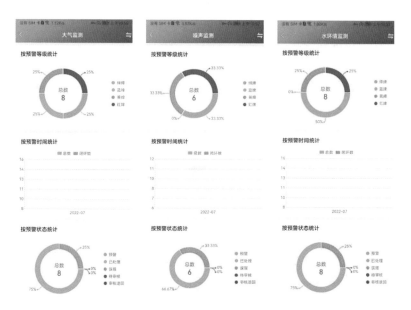

图 4–34 大气、噪声、水环境监测及预警

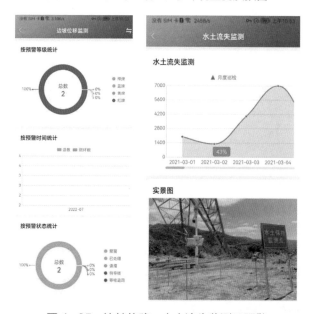

图 4–35 边坡位移、水土流失监测及预警

应对大气污染、水污染、噪声污染、边坡位移、水土流失、地表扰动超标事件进行预警总计 38 次，其中处理大气污染预警 8 次，均及时采取洒水降尘措施；

处理噪声污染 6 次；处理地表扰动超标 8 次；预警边坡位移风险 2 次，并及时采取措施解除边坡位移预警。白鹤滩二期换流站工程将数字化手段与工程本体建设紧密结合，融入环保水保专业管理流程，重点解决环保水保工作中的难点、重点问题，最大程度节约资源，提升环保水保管控效率和水平，减少施工活动对环境的不利影响。监测要素设备参数见表 4－4。

表 4－4 监 测 要 素 设 备 参 数

序号	场景	设备名称	设备参数
1	气象监测	微气象站	温度：量程为 −40～+120℃，分辨率为 0.1℃，精度为 ±0.3℃。 湿度：量程为 0%～100%RH，分辨率为 0.1%RH，精度为 ±2%RH。 风速：量程为 0～45m/s，分辨率为 0.1m/s；精度为 ±0.3m/s； 风向：量程为 0°～360°，分辨率为风向 1°，精度为 ±1°； 降水：分辨率为 0.5mm，量程为 0.001～0.1mm/min
2	大气污染监测	大气污染监测系统	PM2.5：量程为 0～1000μg/m³，分辨率为 1μg/m³，精度不大于 ±10%。 PM10：量程：0～2000μg/m³，分辨率为 1μg/m³，精度不大于 ±10%
3	噪声监测	环境噪声监测仪	噪声分贝值，测量范围为 25～130dB，分辨率为 0.2dB
4	施工废水监测	废水监测设备	水质传感器、自动测量技术、自动控制技术、在线自动监测及分析系统，支持获取 pH 值、浊度（NTU）、溶解氧（mg/L）、氨氮（mg/L）、COD（mg/L）
5	水土流失监测	水土流失监测系统	传感器包括：水土流失传感器、气象环境集成传感器和现场高清红外摄像头，测量误差小于 5%。 应用温度范围：存放时 −40～+80℃；工作时 0（不结冰）～60℃
6	边坡位移监测	地表位移监测	水平精度为 ±2.5mm，竖向精度为 ±5mm
		深部位移监测	量程为 ±15°；分辨率为 0.01/500mm（0.001°）；系统总精度为 ±0.01°；温度范围为 −20～+60℃；供电电压为 12V DC
		裂缝监测	位移量程为 10～500mm；精度为满量程的 0.5%（50～100mm 量程）；重复误差不大于满量程的 0.01%；工作温度为 −20～+85℃
7	地表扰动监测	无人机	有效像素大于 2000 万；最大续航时间为 0.5h；最大抗风等级为 5 级风；支持自动巡航
		视频监控摄像头	最高分辨率可达 1920×1080@ 20 fps，在该分辨率下可输出实时图像；采用视频压缩技术，支持多种编码；通电自动获取 IP 地址，免设置；智能 80m 红外，也达到夜间微弱灯光全彩效果；符合 IP66 级防尘防水设计，可靠性高

展　望

经过十几年的大力发展，特高压电网已成为我国远距离大容量电力能源输送的"主动脉"，促进了能源从就地平衡到大范围配置的根本性转变，有力推动了能源领域的清洁低碳转型。"十四五"以来，多项特高压工程已经开工建设，本书介绍的多项环保水保技术措施已在工程中进行了广泛应用，取得了良好效果，同时二氧化碳致裂技术等一批环境保护和水土保持新技术业已在工程中发挥作用。未来，特高压工程仍将长期处于大规模建设阶段。这为环境保护和水土保持技术发展与应用提供了广阔前景，并为其不断迭代升级创造实践条件。

党的十八大以来，党中央把生态文明建设纳入中国特色社会主义事业"五位一体"总体布局，做出了一系列推进生态环境保护的决策和部署，提出了我国二氧化碳排放力争于 2030 年前达到峰值，努力争取 2060 年前实现碳中和，"双碳"目标的提出对生态环境保护设定了更高标准，必将对生态环境保护带来更严格的约束和更有力的推动。

相信，在国家对加强生态文明建设、加快绿色低碳发展提出了新要求的背景下，不仅可以在电网工程中推广应用本书介绍的环境保护和水土保持技术，也可以结合其他行业领域生态环境保护实际需求，借鉴本书成果形成个性化生态环境保护具体做法，为推动经济社会绿色发展、促进人与自然和谐共生贡献力量。

参 考 文 献

[1] 宋继明，张智，杨怀伟，等．特高压工程"一型四化"生态环境保护管理［M］．北京：中国电力出版社，2021．

[2] 国家电网有限公司特高压建设分公司．特高压工程环境保护和水土保持工艺指南［M］．北京：中国电力出版社，2021．

[3] 国家电网公司．中国三峡输变电工程 工程建设与环境保护卷［M］．北京：中国电力出版社，2008．

[4] 国家电网有限公司科技部，国家电网有限公司交流建设分公司．输变电工程环境保护和水土保持现场管理与施工手册［M］．北京：中国电力出版社，2019．

[5] 国家电网有限公司交流建设分公司．特高压交流工程专业工作组成果集［M］．北京：中国电力出版社，2020．

[6] 国家电网公司直流建设分公司．特高压直流输电工程水保标准化管理手册［M］．北京：中国电力出版社，2018．

[7] 国家电网公司直流建设分公司，特高压直流输电工程环保标准化管理手册［M］．北京：中国电力出版社，2018．

[8] 国家电网公司交流建设分公司．特高压交流工程现场建设管理［M］．北京：中国电力出版社，2017．

[9] 国家电网有限公司交流建设分公司．特高压交流输变电工程技术与管理成果集［M］．北京：中国电力出版社，2020．

[10] 中国水土保持学会水土保持规划设计专业委员会，水利部水利水电规划设计总院．水土保持设计手册：生产建设项目卷［M］．北京：中国水利水电出版社，2018．

[11] 中国水土保持学会水土保持规划设计专业委员会．生产建设项目水土保持设计指南［M］．北京：中国水利水电出版社，2011．

［12］ 刘泽洪. 电网工程建设管理［M］. 北京：中国电力出版社，2020.

［13］ 孙昕，陈维江，陆家榆，等. 交流输变电工程环境影响与评价［M］. 北京：科学出版社，2015.

［14］ 丁广鑫. 交流输变电工程环境保护和水土保持工作手册［M］. 北京：中国电力出版社，2009.

［15］ 张桂林，强万明，宋继明，等. 特高压变电站绿色低能耗建筑［M］. 北京：中国电力出版社，2019.

［16］ 宋继明，卜伟军，吴凯，等. 创建绿色环保工程的实践与思考［J］. 电网技术，2009，33（增刊）：323.

［17］ 宋继明，倪向萍，唐明利，等. 高分卫星遥感技术在特高压工程环保水保管理中的应用研究［J］. 矿产勘查，2021，12（8）：1829－1834.

［18］ 张书豪，宋继明，周玮等. 特高压交流 V 型悬式绝缘子串空间位置确定的方法［J］. 高电压技术，2012，38（6）：1451－1458.

［19］ 万昊，雷磊，魏金祥，等. 浅析特高压输变线路工程中的水土保持措施设计［J］. 水土保持应用技术，2020（1）：49－51.

［20］ 郑树海，黄静. 特高压直流输变电工程水土保持管理经验［J］. 中国水土保持，2019（2）：3.